JN284130

フェロー諸島の島民が総出で行うクジラ漁は、島最大のイベントである（写真提供：フェロー諸島自然史博物館）

カラフルな家々の向こう、緑の大地に挟まれたフィヨルドの海に、100艘を超えるボートが走る（写真提供：アントラス・スコーロム）

数百頭のクジラやイルカを湾の奥に追い込むため、島民が操るボートは疾走する（写真提供：フェロー諸島自然史博物館）

浅瀬に追い詰められたクジラたちは逃げ場をさがすが、ボートと浜の島民の挟み撃ちに遭い……（写真提供：アントラス・スコーロム）

浜の島民たちは数人のグループに分かれ、クジラたちを捕殺、すぐに延髄を切り、とどめを刺す（写真提供：アントラス・スコーロム）

先祖代々伝わるクジラ捕りの道具。左から、ナイフ、鼻孔に差し込んで固定する留め金、延髄を突く器具（写真撮影：吉岡逸夫）

左の島民はクジラの鼻孔に道具を差し込み固定、右の島民がナイフで延髄の周囲を切る。最近は１秒でクジラを殺す器具が導入されている（写真提供：フェロー諸島自然史博物館）

浜に沿って島民の車が並び、人々はクジラ漁をながめる。ここで名前を登録してから漁を手伝うのだ（写真提供：フェロー諸島自然史博物館）

浜に打ち上げられたクジラたちの死体……。対照的に談笑する島民たち。漁を手伝えば、誰でも公平にクジラ肉の分け前に与かることができる（写真提供：アントラス・スコーロム）

港の岸壁に運ばれ、解体されるクジラたち。内臓はあまり食べないようだ（写真提供：フェロー諸島自然史博物館）

捕殺されたクジラの体をチェックする女性。今夜のごちそうになるのか……（写真提供：アントラス・スコーロム）

クジラの肉と脂肪をジャガイモと一緒に食べるのがフェロー諸島の流儀。農作物の育たない島で、かつてはクジラ肉が、島民の命綱だった（写真提供：アントラス・スコーロム）

和歌山県太地町の畠尻湾でイルカ漁を監視するシー・シェパードのメンバー。クジラ・イルカ漁の歴史と文化まで、その目には映っているのだろうか（写真撮影：吉岡逸夫）

畠尻湾で子供たちとともに泳ぐハナゴンドウ。イルカやクジラは日本人にとって、友であり、その肉を頂く、太古からの歴史そのものなのである（写真撮影：吉岡逸夫）

吉岡逸夫

白人はイルカを食べてもOKで日本人はNGの本当の理由

講談社+α《プラスアルファ》新書

はじめに――ヒンドゥー教徒ならどうする

アメリカのドキュメンタリー映画『ザ・コーヴ』がアカデミー賞を受賞したことで、人口約三五〇〇人の和歌山県太地町《たいじちょう》の人たちが困惑している。

彼らは、先祖代々の営みを続けているだけで、なんら法に触れるようなことや悪いことをしているわけではない。太地町では、記録に残っているだけでも、イルカ・クジラの追い込み漁を四〇〇〇年も前からやっている。漁は、彼らの生活なのだ。だから、偏向的な映画を公開されることや、漁を妨害される（実際にそんなことがあった）ことは、彼らの死活問題なのだ。

もしイルカ漁に異議を唱えるのであれば、イルカを殺すシーンに対応するべく、欧米人の食べる牛や豚の屠畜《とちく》されるシーンも並べるべきだし、「イルカはかわいいからかわいそう」というのであれば、かわいいウサギやカンガルーを食べる白人たちだって責められてしかるべきだ。

映画は、「イルカは知能が発達し、感情が通じる」と主張する。百歩譲って、イルカが賢いことを認めても、食べていい動物といけない動物の頭脳レベルの線をどこに引けばいいのだろう。牛の知能は食べていいレベルというのか。

ヒンドゥー教徒などは、牛を神聖なものとして崇《あが》めているが、彼らの目には、牛を食べる欧米人や日本人は、さぞや野蛮な民族に見えるに違いない。だからといって、彼らは映画を作って非難するようなことはしない。牛を殺すところに潜入して告発したりもしない。

それを平気でやる欧米人に横柄《おうへい》さを感じる。自分たちの価値観が世界の標準であり、それ以外は野蛮であるとでもいいたげだ。

そもそもイルカ漁に反対する外国人にしても、多くの日本人にしても、太地におけるイルカ漁のことを知らずに論議している。実際、映画『ザ・コーヴ』のなかでも、大都会に住む日本人がイルカ漁の存在を知らないことを逆手《さかて》にとって、「イルカ漁は日本固有の文化ではない」というシーンを作っている。

幸い、私は太地町に隣接する和歌山県新宮市《しんぐうし》に住んでいる。イルカ漁について、熊野《くまの》地方の文化と歴史をふまえながらお伝えしたい。

目次◉白人はイルカを食べてもＯＫで日本人はＮＧの本当の理由

第五章　真っ赤に染まるフェロー諸島

第一章　イルカ漁の全真実

初めてのイルカ漁は大漁

二〇〇九年九月九日午前六時過ぎ。突然の電話に起こされた。

「クジラが捕まりそうやから、お知らせします。今、追い込んでいる最中です」

「追い込むまで、どれぐらいかかりますか？」

寝ぼけまなこながらも、私は状況を認識していた。

「さあ、順調にいけば一、二時間ぐらいでしょう」

太地町漁業協同組合からの電話だった。

毎年、九月に入ると、クジラ漁が始まる。沿岸での捕鯨が解禁されるのだ。その最初の漁だけは、報道陣に知らせてくれ、取材をさせてくれることになっている。以前は、いつでも取材できたのだが、捕鯨反対を訴える外国人が来るようになり、われわれ地元記者も取材が制限されるようになったのだ。

「漁師たちも、漁をあまり宣伝されたくないんとちゃいますか。外国人だけでなく、日本人のなかにも非難する人がいますからね」と地元の記者はいう。

私は、急いで身支度をして、車に乗った。まだ早朝のため車は多くない。最近できた新宮市と那智《なち》勝浦町《かつうらちょう》を結ぶ高速道路ではスピードが出せる。ここ南紀では高速道路が少ないので、この高速道路の存在は非常にありがたく感じる。

今どき、こんなに交通の不便なところも珍しい。なにしろ、新宮市は、東京から行くと時間的に最も遠い市ということになっている。車だと八、九時間かかる。電車だと名古屋から特急で三時間以上かかる。それも本数が少なく、五時間待ちだったりする。

台風のときなど、山や崖《がけ》が崩れ、通行止めになることがある。スーパーマーケットに行っても、卵を売っていなかったことがある。「届かないんです。陸の孤島ですよ、ここは」という地元の人の話を聞いたこともある。

なぜ、この辺は交通の便が悪いのだろうか。山が多いからということもあるが、一説には、次のようなこともいわれている。

江戸時代、このあたりは紀州藩の領地。紀州藩といえば、徳川御三家の一つ。かつては、江戸に木材や炭を船で運んで販売し、相当の財産を持っていた。江戸時代の後期、長州征伐のときには、紀州藩は率先して戦ったという。

それが災《わざわ》いした。薩摩《さつま》・長州が政権を握る明治時代になり、薩長は紀州の反発を恐れた。なにしろ財がある。謀反《むほん》を起こしかねない。そこで、廃藩置県を行うとき、熊野川で紀州藩をぶった切って和歌山県と三重県に分け、勢力を弱めたというのだ。さらに、薩長が牛耳《ぎゅうじ》る中央政府は、南紀に税金を投入することを避けたに違いないというのだ。

実際に、事件も起きた。一九一〇（明治四三）年に起きた大逆《たいぎゃく》事件。幸徳秋水《こうとくしゅうすい》ら社会主義者や無政府主義者たちが天皇暗殺計画を立てたという疑いで、全国各地で二六人が起訴された。その多くは冤罪《えんざい》だったという。なかでも新宮市では六人が犠牲になり（死刑二人、無期懲役四人）、最も数が多かった。

そんな経緯もあって、中央政府は、この地の道路や鉄道の建設を躊躇《ちゅうちょ》したのかもしれない。そんな外的環境が、古いイルカ漁やクジラ漁を残したともいえる。

高速道路を降りると、車は那智勝浦町に入る。左に曲がれば、熊野三山の一つ、熊野那智大社や、高低差一三三メートルもある雄大な那智の滝に向かうが、私は右に曲がり勝浦の繁華街のほうに向かう。国道四二号線で町を突っ切ると温泉のわき出る湯川地区。トンネルを抜けると海岸線に出る。いよいよ太地町に近づく。

海岸線はリアス式のようにぐねぐねと曲がる。いかにもたくさんの魚がいそうな美しい海。島や半島も見える。

信号のある三叉路《さんさろ》にぶつかる。コンビニを左に曲がるとそこは太地町。

「ようこそ　くじらの町太地町へ」と書かれた看板やクジラを模した大きなモニュメントも見える。ゆるやかな坂を上って下りると、広々とした畠尻《はたけじり》湾の海岸に出る。ヤシやソテツの並木が南国らしく、漁師町らしくない。しゃれていて、カリフォルニアのサンディエゴの海岸を思い起こさせる。

イルカを追い込む船

太地町が「くじらの町」として全国に知られるようになったのは昭和四〇年代。昭和三〇年代には全国に市町村合併の波が押し寄せていたが、当時の庄司五郎《しょうじごろう》町長が、捕鯨の町太地の生き残り策として、合併をせず、観光を目玉策にあげた。町長は大蔵省（現・財務省）などに掛け合い、補助金を出させ、全国、世界に先駆けて「くじらの博物館」を建設し、海岸を埋め立て、ホテルやレストランなどを誘致した。この美しい海岸にある公園も、そのときにできたものだ。

ホテルや博物館を横目に通り過ぎ、トンネルを抜けると、イルカやクジラを追い込む畠尻湾に出た。私は駐車場に車を止めた。すでにテレビ局二社のカメラマンが来て、カメラを構えている。私も急いで彼らのそばに駆け寄り、彼らのレンズの向いている方角を見た。広がった海の沖合に、船が六隻《せき》見え、こちらに向かっている。船の前方を見ると、黒い三角形がたくさん浮かんでいる。三角形は背びれだ。

「あっ、たくさんいる」

イルカか、クジラかは区別がつかない。

私は、急いでカメラに望遠レンズを装着し、海に向かって数枚シャッターを切った。船は、すぐにきびすを返し、舳先《へさき》を沖合に向けて走り出した。追い込み漁の最終段階なのだ。そこからは、待ちかまえていた船外機つきの小型漁船二隻が獲物を引き受け、網を広げて閉じ込める。閉じ込められた獲物たちは群れをなして、右に行ったり、左に行ったりしながら泳いでいる。湾を利用してできた生《い》け簀《す》はちょうど五〇メートルプールほどの大きさだ。

いつのまにか、他の新聞社の記者たちもやって来て、漁師たちが獲物を囲む様子を撮っている。

撮影を終えた私は、太地町のもっと奥に位置する港の漁業協同組合に向かった。今日の漁の内容を訊くためだ。

若いころは漁師だったのだろうか、物静かで痩せた参事が説明する。

「まだ漁は終わっていないよ。さっきのは第一弾で、今、二回目の追い込みをやっているよ」

「ええっ、二回も追い込みをやるんですか？」

私が尋《たず》ねると、

湾を利用して作った生け簀

「ああ、今日は多いみたいだ」

「大漁ですか。ところで、さっきの追い込みでは何頭ぐらい捕ったんですか？」

「ああ、さっきのね。報告だと、イルカ一〇〇頭。今追い込んでるのはゴンドウのようだ」

「ゴンドウって、クジラですか？」

「そう。さっきのがイルカで、今追い込んでるのがクジラ」

自分が見たのはイルカだったんだ。私は、ほのかに感動していた。初めて目にした追い込み漁がイルカだったからだ。私自身もここ熊野に来て初めて、日本にイルカ漁があることを知り、一度見たいと思っていた。

私の頭のなかではイルカとクジラはまったく異なるイメージである。しかし、漁師たちは、イルカもクジラもあまり区別していない。同じようなものだという。あえていえば、小さいのをイルカというらしい。同じ鯨類だから、そんなものなのかもしれない。

「クジラが追い込まれるのは何時ごろですか？」

追い込み漁の取材が初めての私は、質問ばかりだ。

「さあね。二時間後になるか、三時間後になるか。でも、午前中には終わると思うけど」と参事は答える。

「そんなに時間がかかるんですか」

「まあ、状況によるからね。早いときは早いし」

クジラと一緒に泳げる浜

一つ説明しておかねばならないことがある。クジラ漁といえば、南氷洋《なんぴょうよう》（南極海）捕鯨のイメージが強い。日本列島で捕鯨が許されているのかと疑問に思われるかもしれないが、実は許されているのだ。しかし、制限はある。

小型種のクジラは国際捕鯨委員会（ＩＷＣ）の管轄《かんかつ》外で、太地町の漁師たちは和歌山県の許可を得て操業している。九月から翌年四月末までの漁期中、七種、約二三〇〇頭（年によって数は異なる）の追い込み漁が許されているという。

私は再び畠尻湾に戻った。

遠く、水平線近くに船が七隻並んで見える。まだ点にしか見えない。しかし、隊列を組む姿は勇壮で緊張感が漂っている。町の人が数人、報道陣に交じって海を見ている。

「ありゃ、まだまだだ。あと一時間はたっぷりかかるなあ」

そんな声が聞こえる。目を細め、遠くを見つめる眼差《まなざ》しや話しぶりにもどこか晴れがましさが漂っている。町民にとっては、追い込み漁は一大イベントであるに違いない。

先に捕まえたイルカたちは、網に囲まれた簡易生け簀で泳ぎ回っている。あれで一〇〇頭もいるのか。三角の背びれを見ていても、そんなにいるようには見えないが、その下に潜っているイルカも多いのだろう。ぱっと見て、一〇〇頭と判断できるのがプロの漁師たる証《あか》しだろう。

この畠尻湾は、幅二〇〇メートルもない小さな湾だが、箱庭のような美しさがある。聞けばこの辺は国立公園の一部だという。納得だ。

私にとっては、この浜には不思議な思い出がある。思い出といっても二週間前の話なのだが、転勤してきたばかりの私は、ここに一人泳ぎに来た。夏休みの間は、この浜は海水浴場となる。私が泳ぎに来てみようと思ったのには理由がある。それは、新聞を読んでいたとき、この浜ではクジラを放し、海水浴客が一緒に泳げるという記事を見つけたからだ。

驚いた。クジラと泳ぐなんて、想像もつかない。やはり、実際に見てみたいと思った。

浜は、絵に描いたように美しかった。空はどこまでも深い青で、海にもなめらかな透明感がある。

海に迫る絶壁の緑は、まるで東南アジアの山を思い起こさせるような深い緑色。太陽光線に負けない強さを感じる。

浜は家族連れや浮き輪を手にした子供たちでにぎわっている。典型的な日本の海水浴場の風景だ。違うところといえば、海水浴場と沖の海との境界を決めるロープの中央部の内側に、一辺一〇メートルほどの四角い生け簀がある。監視員に尋ねると、そのなかにクジラがいるという。

なるほど、あれがクジラか。一緒に泳ぐといっても、ああやってクジラを眺めながら、網の外で泳ぐということか。そう理解した。

水中メガネを使えば、クジラを見ることはできる。しかし、大《だい》の大人が、子供たちに交じって泳ぐのは少しの照れがある。どうしようかと迷っていると、ウエットスーツを着た若い女性二人が、カヌーを運んできて、浜辺に置いた。私は近づいて尋ねた。

「クジラですか。クジラをどうするんですか？」

女性は、「ええ、クジラを出すんです」。

「出すって、どこからですか？」

「生け簀からです」

「えっ、生け簀から出すんですか。どこにですか？」

「ここです」

「ここって、みんなが泳いでいるところですか？」

「ええ、そうです」

私は驚いた。みんなが泳いでいるところで泳がすというのだ。私は、続けざまに質問をした。クジラは噛《か》まないのか。逃げないのか。危なくないのか。何時に出すのか。触っていいのか。あなたたちは、何をする人たちなのか……。

女性は、面倒《めんどう》そうな表情を浮かべながらも、答えてくれた。総合すると、次のようだった。

正午から三〇分間と午後三時から三〇分間、一日二回、クジラを生け簀から海水浴場に放す。クジラといっても大きな種ではなく、体長三メートルのハナゴンドウと体長五メートルのゴンドウクジラの二頭。町立くじらの博物館で調教してあるクジラだから危なくはない。町として、観光客を呼ぶために前年から始めた新企画で、そのために、クジラが人間に驚かないように徐々に馴《な》らしていったという。その調教をしたのが、この女性二人だ。この二人は、そばにある町立くじらの博物館のトレーナーなのだ。

二人は、

「危なくはないですが、触ったり、近づきすぎると驚くので、そっと見守ってやってください」

と最後に注意を促した。

これは驚いた。本当にクジラを海水浴場に解放するというのだ。これは楽しみだ。

正午まで、あと一〇分しかない。私は、大急ぎで泳ぐ準備を整えた。準備体操をし、海に体を浸《ひた》した。冷たくはない。しかし、足下が岩や砂地なのが、プールとは勝手が違う。そのうち、クジラを放す時間が来た。

カヌーで生け簀に渡った女性二人は、生け簀の外周の足場に立ち、海水浴客にマイクで、これからクジラを放す旨《むね》や、注意事項を話し、生け簀の水面下の網をはずした。

すると、二頭のクジラが、すぐに飛び出したようだった。水中での出来事なのでわからないが、トレーナーの目は明らかにクジラを追っていた。その先に、ときどきクジラの背が見える。近くで泳ぐ海水浴客はみな一様にワッ！　と驚く。

トレーナーの一人は、警戒のためかカヌーに乗ってクジラのそばに寄り添うように浮かんでいる。私はクジラが見たくて、泳いで近づこうとするが、クジラの泳ぎのほうがはるかに速く、追いつけるものではない。ここを通るだろうというところを予測して、そこで待つほうが賢明だ。

その予測が当たり、クジラが自分の目の前一メートルのところをサッと泳いで通り過ぎる。ドキッとする。子供も大人もキャーキャーいって喜んでいる。

「触った。ヌルヌルしていた」「大きいね！」などという会話も聞こえる。

子供たちがクジラと泳ぐ海水浴場と生け簀

よく見ていると、クジラの通り道も見当がついてくるようになる。

立ち泳ぎしている自分の足下数十センチのところを、自分の身長の倍ほどのクジラがヌーッと通り過ぎる感覚はなんともいえない。スリリングであり、感動的でもあり、得体《えたい》の知れないものへの畏怖《いふ》も感じる。考えてみると、自分より大きな生き物と一緒に泳いだという体験は初めてだと気づいた。

それと似た体験があることを思い出した。それは、那智の滝を見に行く石段のそばで感じたことと似ていた。石段の両脇には数十メートルの高さの大きな杉の木がそびえている。その間を通るとき、人間の小ささ、自然の大きさに圧倒され、畏怖し、鳥肌が立った。

杉木立での体験、クジラと泳ぐ体験を通して見えてきたのは、自然への畏敬の念であり、畏怖する心である。こうやって、日本人は自然を崇拝する気持ちになったのだ。日本の神道《しんとう》は、アニミズム（自然崇拝）から発展したのだと思った。

神道のシンボルの一つである鳥居《とりい》は、二本の木の間に縄を張った形だ。それは、そこに神がいることを表す。自然に対する畏敬の念そのものなのだ。

クジラと泳ぐ海水浴場の最後は、クジラのジャンプで締めくくられる。目の前一メートルのところでクジラがピョーンと飛び上がるのだから、これにもびっくり仰天《ぎょうてん》。こんなことができるのは、日本でも、いや世界でもここだけだろう。

しかし、こんな素晴らしい試みも長くは続かないかもしれないと思った。このことを欧米人が知ったら、また何を批判してくるかわからないからだ。捕鯨反対、イルカ漁反対を訴える人たちのなかには、クジラやイルカを食べることだけでなく、彼らを人間が管理したり、調教したりすることにも異議を唱える人たちがいるからだ。

海水浴場はクジラの生け簀

畠尻湾を眺めながら、私は二週間前に起こった私の衝撃的な「思い出」に浸っていた――。

そのとき、ハッと気がついて水平線を見ると、いつの間にか七隻の船が近づいているのがわかった。私が、「あれ、結構速いね。この調子なら早く着くかもね」と声をあげると、眺めていた町民の一人が、「いや、まだまだだ。船は真っ直ぐ来るわけじゃないから。右へ行ったり、左へ行ったりしながら、ジグザグに追い込むからね。クジラの通り道っていうのがあるんだ」と教えてくれる。

その人がいった通り、船が右のほうへ行って、半島に隠れて見えなくなった。

「最後は、国民宿舎のあるほうへ行ってから、こちらに追い込んでくる。向こうへ行って見てみな」

そういって、また教えてくれる。

時間もあることだし、私は、トンネルを抜けて数百メートル先の国民宿舎のほうへ行くことにした。

国民宿舎横の防波堤の前にも人々が集まっていた。もちろん、クジラ漁を見るためだ。

やがて、七隻の船は近づいてきた。漁師の姿が確認できるまでになった。エンジン音まで伝わってくる。左から右に向かって隊列を組んでいる。しばらく進むと、向きを逆に変えた。クジラの動きに合わせているようだ。クジラはときどき背びれを出す。次の瞬間潜る。どこに行ったかと思うが、漁師たちはわかっているらしく、迷っている風はない。

見物客が「イルカは潜ってもすぐに浮かぶけど、クジラは潜ると、浮かんでくるまで長いんだよ」と教えてくれる。

カンカンカンカン……という金属音が微《かす》かに聞こえてくる。漁師たちが鳴らしているのだ。クジラたちは、音に驚いて混乱し、冷静さを失うのだ。それとは反対に、漁師たちは、落ち着いた様子だ。ここまで来れば、もう捕らえたようなものだと安心しているようだ。

クジラと並行して先頭の船が右から左に向かって進んでいる。白波が立ち、スピードはかなり出ている。二隻目、三隻目も白波を立てているのが見える。

私は、何枚か写真を撮り、再び車に乗り込み、畠尻湾に戻る。

畠尻湾では、報道陣が五、六人砂浜に下り、今か今かと待ちかまえている。私も、車を止めると、彼らのもとに走った。

しばらくすると、半島の裏から船のエンジン音が聞こえてきた。

「もうすぐ、来るぞ！」

誰かが声をあげた。われわれは皆、カメラを構えた。エンジン音が大きくなったと思うと、船の姿が見えた。

「あ、来た！」

私も叫んだ。

船のそばには、黒い背びれが見える。イルカほど多くはないようだ。

私は、緊張しながら、何枚もシャッターを切った。二隻、三隻と船が見えてくる。船外機をつけた小型漁船が出迎えるように動き出し、網を下ろしている。いつの間にか、クジラは網で仕切られたなかに入っている。網だと気づいたクジラは、方向を変えようと戻るが、そちらには鐘《かね》を鳴らす船がいるので、驚いたクジラは再び後戻りする。その間に、もう一隻の小型漁船が網を下ろす。そうやって、どんどんクジラが泳げる範囲を狭《せば》めていく。

われわれ報道陣は、いい写真を撮ろうと、シャッターを押し続けている。

クジラの追い船は、いつの間にか姿を消している。やがて、網が全部張られると、小型漁船の動きも静かになっていく。

クジラの群れの背びれだけが、落ち着かない様子で行ったり来たりしている。その簡易生け簀の手前には、第一弾で捕まえたイルカたちの生け簀が見える。背びれの数からしても、クジラよりもイルカのほうが大漁だというのがわかる。

二週間前には海水浴場だった場所が、今はクジラ漁の生け簀に変わっている。たくさんのイルカやクジラが泳いでいる。

私は瀬戸内海の小さな島に生まれ、漁港や漁師たちの姿には馴染《なじ》みがある。しかし、ここで見るものは、私の知っているものとは明らかに違っている。姿形は似ていても、扱っている対象が別世界のものだ。

同じ海なのに、なんでこんなに違うのだろう。なんでこんなに大きな、人間よりも大きな生物が日本の海にいるのだろう。それは、明らかに豊かさを表している。生物というのは、連鎖している。最終的にこんなに大きな生物が存在しているということは、そこにたくさんのエサがあることの証しであり、自然の豊かさの象徴なのだ。

かつて、ここ熊野に信仰が生まれ、平安、鎌倉時代には熊野詣《もう》ででにぎわい、江戸時代には徳川家を支えたというのがうなずける。今でこそ忘れられている熊野だが、近代以前の日本の文明の原点はここにあるのではないだろうか。

夏の日差しの名残《なごり》がキラキラと輝く水平線を眺めながら、そんな思いが頭のなかを駆けめぐっていった。

徐福伝説とは何か

クジラ漁は、いつごろ始まったのだろうか。

その前に、イルカとクジラの違いを説明しておかなければならない。これが意外にややこしい。両方とも同じ鯨目なので、太地町の人たちは基本的にそんなに区別していない。大まかに体長五メートルより小さいものは「イルカ」と呼ばれたりする。ときには「三メートルより小さいもの」という人もいる。

「では、三メートルより小さいゴンドウはイルカですか」と役場の人に訊くと、「そうです」と答える。

「でも、イルカとクジラは、頭の形がぜんぜん違うじゃないですか？」と突っ込む。ゴンドウの頭部は、イルカのように口が飛び出していなくて、全体に丸い。

「いや、それもイルカですよ。ややこしいけど、そうなんですよ。まあ、どちらでもいいんですけど……」と、どぎまぎとした答えになる。

ウィキペディアの「イルカ」の項には、次のようにある。

〈生物分類上は、イルカとクジラに差はない。むしろ、ハクジラとヒゲクジラの差の方が生態的にも形態的にも違いが顕著である。（中略）

日本語では、成体の体長でおよそ4mをクジラとイルカの境界と考えることが多い。しかしこれは定義ではなく、（中略）体長から帰納した傾向に過ぎず、4m基準に当てはまらない種もある。例えば、コマッコウや、ゴンドウクジラのかなりの種は、4mに達しないが、クジラとされる。ただし、ゴンドウクジラはマイルカ科であり、まれにイルカとされることがある〉

以上であるが、やっぱりはっきりと区別しているわけではなく、傾向に過ぎないようだ。

ハクジラとヒゲクジラの説明をしておく。

その名の通り、ハクジラとは「歯」を持ったクジラで、ヒゲクジラとは「鬚《ひげ》」を持ったクジラのことだ。これは食するものの違いから来ている。

ハクジラは、イカや魚を食べるから歯が必要であって、ヒゲクジラはアミなどのプランクトンを濾《こ》して食べるから鬚が必要。アミと一緒に塩水を口に飲み込み、塩水を吐き出すと き、鬚が濾し器の役割を果たすのだ。そのことからいうと、イルカはイカや魚を食べるから、ハクジラの一種といえる。

歴史の話に戻る。クジラ漁は、いつから始まったのだろうか。

どうも古代から日本人はクジラを食べていたようだ。

青森県にある、今から約五五〇〇〜四〇〇〇年前の遺跡である三内丸山《さんないまるやま》遺跡からクジラの骨がたくさん出ている。房総半島の稲原《いなばら》貝塚からはイルカの骨が、長崎県田平町《たびらちょう》にあるつぐめの鼻遺跡からは、クジラの解体に使ったと思われる道具も見つかっている。みな縄文遺跡からだ。

しかし、だからといって、当時からクジラ漁をしていたとは考えにくい。あの大きなクジラを、まだ知恵も十分な道具もなかった古代人が仕留められたとは思えない。おそらく、湾に迷い込んだり、座礁《ざしょう》したクジラを捕らえたのだろう。それも、太地だけではなく、日本の各地で見られた風景に違いない。

熊野地方史研究会が発行している『熊野誌』第五六号によると、その風景は伊勢、四国、九州、房総などで見られるという。いずれも黒潮が近くを流れ、ちょうどよい形の湾があり、さらにイワシなどのエサも豊富に生息していて、クジラが集まりやすかったのではと分析している。

　解体されたクジラは食用だけでなく、皮下脂肪は灯油として、筋は弓の弦《つる》や武具を作る材料として利用された。一頭のクジラで七浦が潤《うるお》ったといわれているから、たいへんな自然の恵みだったに違いない。

　文書の記録では、『古事記』のなかに、神武《じんむ》天皇にクジラの肉が献上されたという記述があり、『万葉集』にもクジラが歌われている。クジラの肉は、どうも貴人や特権階級への贈り物として使用されたようだ。

　また、日本全国に一〇〇を超えるクジラ塚や供養塔《くようとう》、灯籠《とうろう》、絵馬《えま》、過去帳の記述、記念碑などが確認されていると同誌は記している。クジラ漁は日本の伝統文化なのだ。

　ちなみに、太地町の恵比寿《えびす》神社の鳥居はクジラの骨でできている。

　太地が、捕鯨の地として知られるようになったのは江戸時代。古式捕鯨の特色である網取り法が発明されてからだ。

　捕鯨に限らず、熊野地方は一般の漁業に関しても、古くから優れていたといわれる。そのため、日本各地に熊野の漁師がやってきた記述が残っている。熊野の漁師は、その技術の高さからしばしばスカウトされたようなのだ。たとえば、千葉県に「勝浦」や「白浜」という地名があるが、あれは、熊野の漁師が故郷を偲《しの》んで命名したといわれている。

　では、なぜ熊野の漁師の技術が高かったのか。その理由を説明するのに面白い仮説があ

太地町内の秋の例大祭のクジラを模した子供みこし

る。徐福《じょふく》伝説である。日本の各地、二十数ヵ所に中国の徐福が漂着したといわれる伝説があるが、ここ熊野にもしっかりとあるのだ。

徐福は、約二二〇〇年前、秦《しん》の始皇帝《しこうてい》に仕えていた実在の人物といわれる。それは、中国の司馬《しば》遷《せん》編纂の歴史書『史記』に書かれている。

徐福は始皇帝に「東の海に蓬萊《ほうらい》、方丈、瀛州《えいしゅう》という三神山があって仙人が住んでおり、不老長寿の薬草がある。この霊薬を求めて旅立ちたい」と申し出て認められた。台風などで航海は二度失敗。一度目には「クジラに阻《はば》まれてたどり着けませんでした」と言い訳している。三度目の挑戦では、男女三〇〇〇人の大船団を仕立てて出発。稲など五穀の種子と金銀や農機具を積み、技術者などを引き連れていったという。その後、中国には戻ってこなかったので、一説には亡命したのではないかといわれる。

徐福の功績でもっともよく聞かれるのは、日本に稲作を伝えたという伝説。しかし、ここ熊野では、クジラ漁なども徐福が教えたのではないかといわれている。その根拠として、太地の名前が挙げられている。太地は「泰地」とも書かれるので、おそらく「秦」から転じたその「秦」に歴史が隠されているのかもしれないというのだ。また、太地町から車で約一時間の熊野市の波田須《はだす》では秦の時代の半両銭が発見されている。

徐福伝説までさかのぼらなくとも、遣唐船や中国船が黒潮に運ばれて、熊野に漂着したことは十分にあり得るから、そこから漁の技術が高まったとも考えられる。

江戸時代以降クジラが減った理由

捕鯨の地として太地の名を高めた古式捕鯨とはどんなものなのか。

一般的には、網取り法捕鯨といわれている。見晴らしのいい高台に「山見《やまみ》」と呼ばれる見張り番がいて、クジラを見つけると、のろしや旗で、クジラの種類や方角を知らせる。知らせを受けた勢子船《せこぶね》、双海船《そうかいぶね》、持双船《もっそうぶね》が沖に向かう。双海船がクジラの行き先に網を降ろし、勢子船がその網にクジラを追い込む。網に絡まったクジラに銛《もり》を投げ、弱ったところに「羽指《はざし》」と呼ばれる職種の男が海に飛び込み、クジラの背によじ登る。男は鼻の穴に小刀で切り込みを入れて、ロープを通す。そのロープを二隻の持双船が引っ張って陸まで運ぶというもの。

網取り法以前には、網を使わない突き取り捕鯨法があったが、捕獲量は不安定だった。

太地が、捕鯨に熱心だったのには理由がある。太地の町を歩いてみればすぐにわかるのだが、その地形は、山が海のそばまでせり出していて、水田や畑を作る土地がないのだ。どうしても魚やクジラに頼らざるを得ない。また、リアス式海岸のように入り組んだ地形は、クジラを追い込むのに適しているのだ。

一六七五（延宝《えんぽう》三）年、この地の豪族、和田頼治《わだよりはる》（のちの太地角右エ門《たいじかくえもん》）が網取り法を考案し、太地の捕鯨は飛躍的に発展する。

網取り法が編み出されたのには理由がある。『熊野誌』第五六号によれば、セミクジラは突き取り捕鯨法が普及するにつれて減少してきた。ザトウクジラは、セミクジラと違って、泳ぐ速度も速く、死ねば海中に沈んでしまうので、処理が難しかった。しかし、セミクジラの減少により、その難しいザトウクジラを捕らえる必要性が出てきた。

角右エ門は最初、丹後半島の伊根浦《いねうら》の入り江で網を使って小型クジラを捕獲していると聞き、太地にもその方法を導入したが、大型クジラには通用しなかった。そこで角右エ門はそれを改良し、大型クジラにも使えるように工夫した。ヒントは、コガネグモがクモの巣にかかった自分よりも大きなセミを巻き取る姿だったという。

角右エ門が開発した網取り法は、紀州藩の後押しもあって、太地の名を天下にとどろかせたという。

こうして江戸時代には、太地はクジラで豊かになるのだが、江戸時代の後期から明治時代に入ると、しだいにクジラの数が減ってくる。アメリカの捕鯨船が太平洋を渡って、日本の近海にもやってくるようになったからだ。

アメリカの捕鯨は、当時も食用ではなく、もっぱらランプに使うクジラの油が目的だった。だから、油だけ取り、肉も骨も皮もすべて捨てていた。そこは、何でも利用する日本の捕鯨とは違っていた。

幕末に通訳として活躍したジョン（中浜）万次郎が遭難し、アメリカの捕鯨船に助けられたという話は有名である。それほど、日本近海にはアメリカの捕鯨船がウロウロしていたということなのだ。

そんな時代の一八七八（明治一一）年一二月二四日、太地に大きな不幸が襲ってくる。太地町立くじらの博物館ホームページには、「大背美《せみ》流れ」と称して、次のような事件が紹介されている。

小雨交じりの東の風が強く吹く荒れ模様の海へ総勢一八四人が一九隻の船で出漁した。この年は近年にない不漁で、このままでは正月も迎えられないという不安と切迫感が無理な出漁を促していた。

発見したクジラは、未だかつて見たこともない大きな子連れのセミクジラで、そのような巨鯨は当時の技術では仕留めるのは難しく、昔から「背美の子連れは夢にも見るな」といわれるほど気性が荒々しく危険であった。

クジラは湾内のほうに向かい、母クジラがわずかに網にかかり、驚いたクジラはすさまじい勢いで暴れたあと、東南の沖へと逃げだした。

船団も懸命に追い、その巨鯨との激闘は夜を徹して続けられ、翌朝一〇時、ついに仕留めることができた。

しかし、食料と水は絶え、精魂使い果たした男たちの力では、見上げるような巨鯨は動かせず、いくら力いっぱい漕いでも船は進むどころか逆に潮流に引かれて沖に向かい、ついに黒潮の流れに入ってしまった。そのままでは助かる見込みはなくなるからと、係留網を断ち切り、それぞれの船を繋ぎ固め必死の思いで漕ぎ帰ろうとしたが、すでに艪《ろ》を持つ力さえなくなり、荒れ狂う海に翻弄された。

生きなければならない。洋上を渡る師走《しわす》の風は身を刺す寒さで、日が暮れていくのにつれて波もうねり、互いに衝突し浸水する船も出始めたため、午後四時ごろ、ついに各船を結び留めていた綱を断ち切ることになった。

解き放たれた船は強風怒濤《どとう》に巻き込まれ、老人から一〇歳にも満たない少年までが乗る船は、漂う木の葉のように海中に沈んでいった。それはまさに地獄の様《さま》そのものだった。

記録によると、出港して七日目に九死に一生を得て伊豆七島神津島《こうづしま》に流れ着いた八人を含め、生存者はわずか一三人とされ、餓死一二人、行方不明八九人という未曾有《みぞう》の大惨事となったという。

クジラ漁が復活した経緯

この事件をきっかけに、二七〇年続いた捕鯨組織「太地鯨組」は姿を消した。なにしろ、一〇〇人ほどのベテラン捕鯨漁師の男たちが一晩でいなくなったのである。

それから三〇年足らずで古式捕鯨はすっかり姿を消した。追い込み漁が復活するには昭和まで待たねばならない。しかし、その間、同地から捕鯨が消えたわけではない。追い込み漁ではなく突きん棒漁が残り、銃や砲で銛を発射するアメリカ式捕鯨やノルウェー式捕鯨が入り、南氷洋捕鯨へと発展していったのである。

第二次世界大戦後、日本はひどい食糧難に陥《おちい》った。特に動物性タンパク質は不足した。そこで出てきたのが、南氷洋でクジラを捕ろうという話だ。

当時、世界の海でクジラの乱獲が進み、最後に残されていたのが南氷洋（南極海）だった。しかし、乱獲を防ぐために、連合国の十数ヵ国で結成する協議会のメンバーにしか捕鯨は許されていなかった。敗戦した日本はその仲間ではなかった。

しかし、日本の食糧不足を見るに見かねた連合国は、日本の捕鯨を許し、一九五一（昭和二六）年、日本から初めて捕鯨船が南氷洋に向かった。

南氷洋での日本の捕鯨の力は凄かった。当時は「捕鯨オリンピック」と呼ばれ、捕った者勝ちといった状況だった。日本人は勤勉だし、チームワークも腕もよかったので、たちまちナンバーワンになっていった。そのメンバーに太地町からも多くの漁師が加わったことはいうまでもない。

食糧難の日本にとっては、クジラの肉は救世主のようであったし、国民の喝采を浴びた。たくさん捕れたのであろう、学校給食にも出されるようになった。クジラの竜田揚《たつたあ》げを懐かしく思う方も多いだろう。

ただ、そんないい時代も長くは続かなかった。乱獲が見直され、年々捕獲量の制限が厳しくなり、一九八二年には、ついに商業捕鯨が禁止（モラトリアム）となり、日本は調査捕鯨という名目でしか南氷洋捕鯨ができなくなった。そして、現在の状況につながっている。

二〇一〇年のＩＷＣ（国際捕鯨委員会）のモロッコ総会では、議長案として「ＩＷＣとして日本での沿岸捕鯨の拡張を認める代わりに、南氷洋での調査捕鯨の捕獲頭数を削減する」という案が提出されたが、捕鯨国と反捕鯨国とが決裂してしまった。

沿岸捕鯨をする太地町にとっては、新しい可能性が広がると考えられていたが、その夢は潰《つい》えてしまった。

さて、大事なことを記しておかねばならない。太地町の追い込み漁がいつ復活したのかということ。

一九六五（昭和四〇）年ごろ、太地をクジラの町として売り出そうとした町長がいたことは前に書いた。そして、彼は町立くじらの博物館を完成させた。ところが、博物館の展示は揃ったものの、生きたクジラがいない。それではあまりにも寂しい。

では生きたクジラをどこから手に入れるのか。購入すると相当な金額となる。それに、遠くから持ってきたのでは、クジラの町としての名折れである。それなら、自分たちで捕るしかない。そこで追い込み漁のグループ「いさな（勇魚）会」を結成し、クジラを生け捕ることにしたのである。

以来、現在まで追い込み漁は続いているのである。

イルカは自殺するのか？

二〇〇九年九月一五日午後七時、映画『ザ・コーヴ』が、東京・有楽町の日本外国特派員協会で上映されるという。日本では初めての上映である。私は、どうしても見たくて、私が所属する中日新聞三重総局に出張申請を出した。地方版ではなく本紙に記事を書くという条件で認められた。ところが、特派員協会のメンバーか、メンバーの紹介でなければ入場できないという。東京本社の外報部長がメンバーであることを突き止めたので、すぐに電話して了解を得た。

会場には大勢のジャーナリストが詰めかけていた。大半は外国人。予定通り、上映が始まった——。

冒頭からイルカ保護活動家のリチャード・オバリー氏が登場した。映画に出ていることは知っていたが、まるで主役である。

ストーリーは、おおよそ次のようだった。

オバリー氏は、太地町のイルカ漁を告発するために、世界中から潜水の名人や夜間撮影の名手、水中音響録音の専門家などを集め、作戦を練る。太地の漁師たちが隠れて「イルカの殺害」をしているから、その手口を暴《あば》こうというのだ。

「イルカの殺害」とは、私も見た追い込み漁の翌日に行われるもので、まず生け簀のなかのイルカを、水族館などに売る若くて元気のいいイルカと食用のイルカに選別する。それから、一般の人から見えない入り江（コーヴ）に運んで、そこで解体する。殺害といっても、漁師からすればただの解体のことであり、入り江でやるようになったのは、反捕鯨の外国人が来るようになって、あまりにもわずらわしいから隠れてやるようになっただけ。もともとは私の見た海岸でオープンにやっていたものだった。

映画の演出が上手《うま》いので、観客はまるで００７《ゼロゼロセブン》シリーズのようなスパイ映画を見ているかのごとく、映画のなかに引き込まれていく。そして、主人公であるオバリー氏のことが紹介される。

オバリー氏は、かつてアメリカでヒットしたテレビドラマ『フリッパー』に登場したイルカの調教師だった。ドラマは日本でも『わんぱくフリッパー』のタイトルで人気を博した。彼は、ドラマの撮影により、イルカがストレスで様子がおかしくなっていったことを知り、人間がイルカを飼育すべきではないとの結論に達したという。ドラマの主役だったイルカが死んでしまったのだ。彼は、それを「自殺だった」という。

以来、彼は立ち上がり、すべてのイルカを解放すべく闘っているという。イルカにとっての正義の味方という設定なのだ。

畠尻湾に立つオバリー氏

彼らが太地町に入っていくと、四六時中警察などに尾行される。撮影しようとすると漁師たちから「来るな!」「撮るな!」と猛烈な勢いで阻止される。彼らは夜の間に隠しカメラを設置しようと崖を登ったり、カメラを隠すために岩に似せた張りぼてを作ったりする。警察が、彼らの泊まっている宿に来て、彼らと接触する。いろいろ質問する。その模様も隠しカメラで撮影している。

彼らの連れてきた女優にサーフボードを持たせ、彼らが漁をしている最中にサーフィンをやらせようと海岸を歩かせる。漁師に阻止される。漁師が、捕獲したイルカを棍棒《こんぼう》でなぐり、殺す。湾は一面血の色に染まる。瀕死の一頭が、沖に逃げようとする。それを見て、女優が涙を流す。

イルカたちの声を録音したものを、大きな音で流す。いかにもイルカたちが泣いているかのように思わせる。

東京の銀座などで、一般の日本人にインタビューする。

「あなたは、日本で行われているイルカ漁のことを知っていますか？」と質問する。だれもが「知らない」と答える。映画は、「日本人に知られていないイルカ漁なんて、日本の文化とはいえない」と主張する。

ＩＷＣ（国際捕鯨委員会）の会場で、日本人の代表団がいかにも票を得ようと画策しているかのように撮影する。

「日本の漁のやり方は、残酷ではないか？」の他国の質問に、日本人の代表が「われわれは、もっと速くクジラを殺せる（即死させられる）ように研究している」という答弁をする。いかにも日本人は残酷な人たちだといわんばかりに、「正義漢」オバリーがイルカの殺されるテレビ映像を胸に掲げながら会場に入っていくというストーリーだった。

映画が終わって、私はムカムカと腹が立ってきたが、周囲の反応は自分とは違うようだった。「よく告発した」という賛美のムード。これはまずいと思った。何も知らない人がこの映画を観ると、洗脳されるのだと思った。多くの白人たちは、かわいいイルカを食べるなんて、とんでもないという顔をしている。

上映後、主人公のオバリー氏が登場したのだが、いつの間にかヒーローになっている。彼は謙遜《けんそん》のそぶりを見せ、「ヒーローは私ではない。ヒーローは告発してくれた彼だ」と一人の日本人を紹介した。太地町の元町会議員で、現在は東京で暮らしているという。私は、元町会議員でイルカ食に反対している人がいるという噂《うわさ》を聞いていたので、すぐその人だとわかった。

その男性は、オバリー氏に「前に出てくるように」と促された。その男性は躊躇しながらも前に出て、みなの前で頭を下げた。次の瞬間、オバリー氏は表彰状を取り出し、英語で読み上げたと思ったら、楯《たて》と一緒に彼に手渡した。表彰したのだ。会場から拍手がわいた。

何というわざとらしいパフォーマンス——この映画が日本で上映されると大変なことになると思った。これは、日本人でも洗脳されると思った。現に、私の知人の男性が、この映画のことをテレビで見たらしく、「なんで、イルカなんか食べなければならないんだ。かわいそうじゃないか」といってきた。娘の友だちの母親も、似たようなことを私にいったことがあった。

これはやっかいなことになる。

私は、嫌な予感を胸に会場をあとにしたのだった。

映画『ザ・コーヴ』の欺瞞

映画『ザ・コーヴ』はアメリカのアカデミー賞の長編ドキュメンタリー映画賞を取った。これは太地町にとってやっかいなことになった。

その日、太地町の様子を見に行った。その情報を知らない人がほとんどだった。町民は皆、あの映画に興味がない。「どうせ、また白人たちが勝手なことをいっているだけだろう」と思っているのだ。町民は、数十年も前から欧米人による反捕鯨運動の波を受け、もううんざりしている。

受賞の報を受け、公民館の宇佐川彰男《うさがわあきお》館長は「アカデミー賞も落ちたものだ」と肩を落としていた。

私は、この映画を数回観たが、非常に巧妙な演出がなされていることに気づく。驚くべきテクニックだ。その演出のどこがおかしいか、思いつくままに書いてみる。

まず、彼らが正義の味方で、漁業関係者が悪の根源であるという設定。映画は漁業関係者のことを悪者と決めつけている。その大前提が間違っているということは、この映画そのものが成立しないということにもなる。

漁業関係者がなぜ撮影を拒否したり、立ち入りを阻止するのか。オバリー氏らは、漁師た

太地町の海辺をテレビクルーを引き連れて闊歩するオバリー氏

ちが隠すのは、何か悪いことをしているからに違いない、イルカをこっそり捕まえることで、大きな金儲けをしているに違いないという仮説のもとに、自分たちが正義の味方であるという位置を確保している。もし、悪いことをしていなければ、隠す必要がないという論理だ。

漁業関係者たちが阻止する理由は、欧米人たちが漁の邪魔をしたり、網を破ったりするのを警戒しているからだ。実際、捕鯨反対運動をしている悪名高い「シー・シェパード（ＳＳ）」によって、追い込み漁で捕獲したイルカの生け簀の網を破られたことがある。イルカが逃げれば、漁師たちにとっては大損害である。生活権を脅《おびや》かされたことになる。

器物損壊、業務妨害。刑事事件である。だから、欧米人が町に入ったときには、警戒のため尾行する。オバリー氏は、「この町では、漁師と警察がグルになってわれわれを追い出そうとしている」というが、町側としては、悪いことをしないように警戒しているわけだ。

オバリー氏たちが無理矢理通ろうとしたり、撮影したりするから、漁師たちはムキになって抵抗する。つまり、オバリー氏たちは、漁師たちがまるで悪人のような形相《ぎょうそう》になるように挑発しているのだ。それも計算ずくなのである。

しかし、そういったバックグラウンドを知らない観客は、オバリー氏たちを本当の正義の味方だと思うし、漁師たちが悪事を働いていると信じてしまうのだ。

オバリー氏は「私は何も悪いことをしていないのに」というが、漁師たちから見れば、シー・シェパードもオバリー氏も区別はつかない。この町に来る欧米人たちは、たいてい捕鯨反対の活動家だから、だれが妨害したり、イルカを放したりするかわからないので警戒しているのだ。

オバリー氏は、映画のなかで、「過去に欧米人がイルカの生け簀の網を切り裂いたことがあり、漁民たちに迷惑をかけたことがある。だから、外国人に対して怒っているのだ」という大事な事実をひと言も語っていない。それを入れるかどうかで、事実はまるで逆になってしまうのだ。

ヒンドゥー教徒が牛を崇めるわけ

次に不思議に思うのは、オバリー氏は「自分のかわいがっていたイルカの死は自殺だった」と映画のなかで語っているが、イルカが自殺をするわけがない。動物は自殺をしないものだからだ。

動物と人間の違いは、動物は本能というソフトで動いているが、人間はその限りではないということ。本能のなかには、生命体として自分で自分を消滅させるなどという自己矛盾が組み込まれているはずがないのだ。それを、「私の〇〇は、死を選んだ。それはただ、息を止めるという方法で」なんて、へんちくりんな詩的な表現を使って、もっともらしく話している。ここまでやってくれると、こっけいだ。

それは、まるで「トヨタの車はブレーキを踏んだのに、勝手にスピードが加速された」という証言を公聴会でやってのけたアメリカのおばさんを思い起こさせる。どうも、欧米人は、顔色も変えずに嘘をつくことが上手だ。それが恐ろしい。しかもこのときの運輸長官は「トヨタの車には乗るな」と怖い顔でいっていたのに、疑いが晴れた今は娘に買うよう推奨しているのだという。

私はアメリカに一年間住んだ経験があるが、そこでいろいろな差別を体験した。なかでも奇妙なのは、黒人が日本人を差別しているという事実だ。

私は、黒人から何度も嫌がらせを受けた。大学の先生だって、そうだった。日本人は、英語が上手くないし、まさか黒人が日本人を見下しているとは思っていないから、意地悪されていることに気がついていないのだ。だから、私はアメリカでは郵便局でもスーパーマーケットでも路上でも、黒人には近づかないようにしている。

そういうと、読者は、私が差別主義者だと思うかもしれないが、私は黒人そのものが嫌いなわけではない。現に、私は若いころ、青年海外協力隊員としてアフリカのエチオピアに約三年間住んだことがある。エチオピアだけでなく、アフリカには何度も旅に出ているし、ルワンダについては本も書いているくらいだ。アフリカの人が好きなのだ。

アフリカとアメリカの両方に住んでみて、決定的に違うのが、その黒人たちの性質だ。アフリカの黒人は決して日本人を差別していないが、アメリカの黒人は違う。それは、彼らは白人から学んだのだと思う。長い間、彼らは白人から差別されてきた。ところが、あとからアメリカに来た日本人や韓国人が、自分たちよりも裕福な暮らしをしている。それが気に入らないのかもしれない。もちろん例外はある。傾向を述べているだけだ。

アメリカは移民社会である。移民社会では、先に来たほうが勝ちで、あとから来た人種をいじめるのが常だ。それはミュージカル映画『ウエスト・サイド物語』を見てもわかる。先にアメリカに渡ってきたイタリア系移民が、あとからやってきたプエルトリコ系移民に嫌がらせをする。その対立のなかでの恋愛がテーマとなっている。

アメリカでは、トップにＷＡＳＰ（ワスプ）と呼ばれる層がいる。ＷＡＳＰとは、白人(White)でアングロサクソン(Anglo-Saxon)でプロテスタント(Protestant)であるという意味。

アングロサクソンとはイギリス系（イングリッシュ）で、プロテスタントとはキリスト教徒でもカソリックではなく新教徒であるという意味だ。アイリッシュなどは、あとから入ってきた。だから、アイリッシュ系のジョン・Ｆ・ケネディが大統領になったとき、アメリカに激震が走ったのだ。その後に、黒人が入り、続いてイタリア系、ギリシャ系、中国系が入植した。韓国人や日本人はまだまだ新しい人種なのだ。

世の中は、こういった差別ででき上がっているといっても過言ではないかもしれない。

今回のイルカ漁への非難、捕鯨への批判を見て、そこに白人たちの差別意識を感じるのは私だけだろうか。少なくとも、インド人は白人たちのような失礼な態度は見せない。

ヒンドゥー教徒が牛を崇《あが》めるのには理由がある。牛は決して殺生《せっしょう》をしないのだ。牛にはしばしば蠅《はえ》がまとわりつくが、牛は蠅さえ殺さず、しっぽで追い払うだけだ。植物を殺しているではないかという反論が出そうだが、牛は植物の葉の部分しか食べない。根っこを食べないから殺してはいないのだ。

牛は殺生せず、ただ人間にミルクを与える。そんな崇高さを見るから、ヒンドゥー教徒は、牛を神聖なものと崇めるのだ。そんな崇高な動物を、欧米人たちは毎日のように食べている。それで自分たちはぶくぶくと太り、成人病にもなったのに、ステーキを食べることを日本人にまで押しつけようとしているのだ。

『フリッパー』調教師の自作自演

話を映画に戻す。

女優が、イルカが苦しんで外海に逃げようとするのを見て涙するシーンがあるが、あれは、あまりにも単純な情緒的表現だ。

たとえば、欧米人たちが常食している牛や豚の場合だって同じはずだ。牛や豚を目の前で屠畜したとして、半殺しにされた牛が逃げようと柵を越えるべくもがいているとする。それを見た若い女性は、たいてい涙するに違いない。それはイルカであろうが、牛や豚であろうが同じなのである。そこにイルカを食べるのはことさら野蛮だという説得力は何もない。

もう一つ、この女優が涙するシーンに表現手法として疑問が浮かび上がっている。このシーンの撮影時、近くにいた漁師が証言しているのだが、この女優が涙したとき、沖にはイルカなどいなかったというのだ。突然、何もない砂浜にやってきて、撮影カメラの前で泣き出したという……。

それがもし本当だとしたら、イルカが逃げようとするシーンと、女優が泣くシーンはまったく違うシチュエーションなのに、ドラマのようにつないであるということになる。ドキュメンタリーの手法としては「嘘」。再現シーンなら「再現」と明示しなければならない。

それから、映画では「日本人に知られていないイルカ漁なんて、日本の文化とはいえない」と主張しているが、そもそも日本人に知られないようになった原因は欧米人にある。つまり、捕鯨を非難したり、イルカ漁を非難するから、漁師たちは大きくＰＲができないのだ。

日本にはクジラを食べる文化は確かにあった。それに圧力をかけ、なくさせようと画策しているのは欧米人ではないか。そのせいで、日本人はクジラを食べる機会がめっきり減ってきた。代わりに牛や豚を食べるようになった。クジラやイルカを食べることがなくなったのだから、その文化を知らない人が増えるのは当然の理屈だ。

もともと日本には、イルカとクジラを厳密に分ける文化はなかった。同じ鯨目なのだから、イルカもクジラとしか呼んでいなかった。だから、改めて「イルカ漁」といわれても、そんないい方はしていなかったから、余計とまどってしまうのだ。

「イルカ漁が日本の文化ではない」と主張するのも、自分たちが「正義の味方」であると主張するのも、全部彼らの自作自演なのである。

そもそも、オバリー氏の生き方が自作自演そのものである。かつて、『フリッパー』というドラマで、「イルカはかわいい。一緒に遊べる」というイメージを大いに作り上げ、大儲けしたと思いきや、そのイルカが死ぬと、今度は反捕鯨、反イルカ漁を訴える活動でまた大儲けしようとしているように見える。反イルカ漁を盛り上げることができるのは、「イルカがかわいい」というイメージを作ったからこそだ。世界は、彼におどらされていることになる。

映画ではメチル水銀のことも語っているが、それについては、次項で述べる。そもそも、反イルカ漁を訴える礼儀の悪さと水銀の問題は別だ。水銀汚染が黒だろうが白だろうが、そのことを問題にしているのではない。問題は、彼らの主張の仕方が礼儀を欠いているということだ。

水銀汚染の真実

映画『ザ・コーヴ』では、イルカの水銀汚染のことも訴えている。「イルカは、メチル水銀で汚染されているから、食べるべきではない」という。そして監督たちは、「私たちは、太地町の人たちのために活動をしている」という。感謝されるべきだというのだ。それはとても傲慢《ごうまん》な意見だと思うが、もっと根拠のあやしいこともいっている。それは、イルカの水銀汚染は、中国の工場の廃棄物のせいだというのだ。もっともらしいが、やはり根拠に乏しい。

メチル水銀について解説しておく。

メチル水銀は有機水銀の一つで、自然環境中に存在し、食物連鎖を通じて魚介類などに残留、蓄積しやすい。食物連鎖の上位にある大型魚などには多く含まれるといわれ、人間の体内に大量に入ると、中枢神経に障害などを起こすおそれがある。水俣《みなまた》病の原因物質でもある。

実は、太地町では、外国人たちにいわれるまでもなく、毛髪水銀検査を始めていた。町は、「健康な町づくり」の一環として計画していたのだ。

検査は二〇〇九年六月二八日から八月九日までと、二〇一〇年の二月二三日から二五日までの間に行われ、熊本県水俣市にある国立水俣病総合研究センターに依頼していた。もちろん強制ではなく、町民の希望者のみを対象とした。

「その結果をいずれ発表するから」と町長にいわれていた私は、ずっと待ち続けていた。その日がやってきたのだ。

二〇一〇年五月九日。午前一〇時から、町立公民館講堂で住民説明会があり、報道陣への記者会見は午後二時からとなっていた。

私は、他の取材があったので、それを済ませて太地町に向かった。午前一〇時には五分遅れて到着。凄い報道陣。二〇〜三〇人はいる。こんな田舎町に、これだけジャーナリストが揃うのを見たことがない。新聞、テレビだけでなく、週刊誌の記者、カメラマン、フリーランス、それにＡＰなど外国人ジャーナリストもいる。

講堂のなかには一五〇席が用意されているが、駆けつけた町民は数十人。ところどころ空席が目立つ。「少ないな」と思った。報道陣のほうがよほど多く見える。

——町民は関心がないのだ。というよりも、そんなに心配もしていないのだろう。

私は、二〇〇九年八月にこの地に来て思ったのだが、イルカ漁に対して関心が高いのは、外国人を中心とした外部の人たちばかりで、町民たちは興味がないのだ。自分たちは、もう四〇〇年も前から追い込み漁をやってきて、何も悪いことをしていない。外部の人間が勝手に騒いでいるだけ、というスタンスなのだ。それに、現在イルカ漁をしているのは二十数名だけで、三五〇〇人という町の人口を考えれば、そんなに影響もないのだ。

住民説明会は、町長の「国立水俣病総合研究センターに頼んで、調査をしていただきました。今日は、その結果を発表させていただきます」という簡単なあいさつで始まった。

報道陣は、冒頭だけの撮影で、すぐに追い出された。

説明会は一時間ほどだった。分厚いドアが開くと、なかから町の人たちがぽろぽろと出てくる。人々の顔には緊張感はない。微かに笑みを見せる人もいるが、すぐに元の顔に戻る。

太地の人たちの表情は硬い。それは、おそらく太地だけに限らず、日本の漁村の人たちはたいていそうに違いない。あまり他人に愛想をいう必要もないのだ。狭い町だから、どんなに表面だけよく振る舞っても、長いつきあいのなかで本性はばれてしまう。そういった意味で、漁村の人たちは、概して無表情に近い。

太地をよく知る熊野地方の人たちはいう。「太地の人は口べただだから。でも、いい人たちだよ」「なかなか心を開かないところもあるけどね」と。

生真面目《きまじめ》で口べたな太地の人たちと、自己表現の訓練を徹底的にされた反イルカ漁を訴えるオバリー氏のような白人たちとは、いわば表現の仕方という意味で正反対のキャラクターなのだ。そのことが、白人たちと太地の漁師たちとの間のディスコミュニケーション（誤解）を深くしている気がする。自己主張の文化と、「男は黙って」という謙譲を美徳とする文化の違いなのだ。

ヒトラーと同じ考えを持つ人たち

会場から出てきた人たちにテレビのクルーがインタビューしている。私も何人かに訊いた。

漁野徳洋《りようののりひろ》さん（七三歳）、むつよさん（六三歳）夫妻は、開口一番「安心しました」という。「主人は、小さいときからクジラが好きで。だから心配で来たんですよ。私は、結婚してからここに住んでるので、そんなに心配はしていないんですけどね。でも、不思議なことに、数値は私のほうが高いんですよ」とむつよさんが早口でしゃべる。

「子供のときから食べている主人のほうが、水銀濃度の数値が低いんですから。でも、身体に害はないということですから安心しました」とむつよさんは、笑顔を見せる。

「ご主人は、クジラが好きなんですか？」

「ええ、クジラもイルカも好きです。イルカははらわたが美味《おい》しいし、皮と身の……」と徳洋さんも語り始める。

徳洋さんは昔捕鯨船に乗っていたことがあるが、船を下りて、役場に勤めていたという。

むつよさんは、元看護師。

「じゃあ、今度ゆっくり捕鯨の話を聞かせてください。連絡先を教えていただけませんか」

私が、そういい出すと、徳洋さんは「それは勘弁してください」と逃げるように車に乗り込んだ。


水産加工業を営む増崎伸一《ますざきしんいち》さん（六〇歳）は、

「イルカだって、クジラだって、食べるさ。商売柄、味見もしないとね。毎日捕れれば、毎日食べるし、捕れないときは、何ヵ月も食べないときもある」という。

報道陣のだれかが、「水産加工業ってことはイルカやクジラも扱っているのですね。最近の売れ行きはどうですか？」と質問した。増崎さんは「『アエラ』のあとは、売れ行きが少し止まったね。今日の安全宣言で、また元に戻ると思う。今日の結果はありがたいね」とニンマリした。

『アエラ』とは、朝日新聞出版が出している雑誌だが、この数ヵ月前、「イルカやクジラには明らかにメチル水銀が多く蓄積されているので、危険だ」という記事を掲載していた。あまりにも細かい分析のある医学的な内容だったので、私は覚えきれなかったが、イルカ・クジラ食への警告記事であったことは間違いない。

白髪の主婦、太田《おおた》順子《じゅんこ》さん（七七歳）は、

「年に一回ぐらい食べるかなあ。子供のころは、医者に『増血剤としていいから、クジラを食べなさい』といわれて育ったが、今はあんまり食べないものね。そうね、買いはしないけど、近所から持ってきてくれるのよ。この辺は、みんな、そうよ。そんなに買わないわよ。でも、町で調査をやってくれることはいいことだわ」と帰路を急ぐ。

最後に、町議会の議長である三原勝利《みはらかつとし》さん（七二歳）の意見を聞くことにした。三原さんは報道陣に囲まれていた。

「今まで通り食べていいんだという結論だと思うので、安心しました。町民も、あの拍手の大きさからいって、ホッとしていると思いますよ。まあ、個々の受け取り方は違うでしょうが、調査してもらってよかったと思う。健康で明るい町を作っていきたいというのが、町の基本姿勢ですからね。町民としても、議会人としても、不安を取り払われました」と語る。

報道陣の一人が、「『ザ・コーヴ』を見られましたか？」と質問した。三原さんは、

「ああ、見ましたよ。つい先日ですが」と答える。

「映画の感想をひと言」

「作意はわからないが、映像を寄せ集めていますね。まるで自分たちが正義の味方のように描いている。イルカはかわいくて賢いから大事にしようというのだとしたら、おろかなものは（粗末にして）いいのかということになる。これはなんだか怖いよね。一神教のような考え方だとあんな風になるのかな。われわれは、クジラのなかにも神様を見ているからね。だから、供養《くよう》をするんだけど……。偏《かたよ》った価値観で、アカデミー賞を取るなんて、想像だにしなかったけど。でも、映画のなかの太地の風景はきれいだった」と話す。

「太地の風景はきれいだった」という発言には笑ったが、三原さんの言葉で「イルカはかわいくて賢いから大事にしようというのだとしたら、おろかなものはいいのかということになる」に、なるほどと思った。確かにそうだ。もし、そうだとしたら、ナチス・ドイツのような考え方になる。ヒトラーは「アーリア人の民族的優越」を唱えて、その反動でユダヤ人を抹殺《まっさつ》してもいいというところに行き着いたのだから。

不思議な調査結果

午後二時。記者会見はものものしい雰囲気で始まった。講堂は、報道陣でいっぱい。前列には、三軒一高《さんげんかずたか》町長以下、役場の総務課のスタッフと国立水俣病総合研究センターの調査員がずらりと並ぶ。その前に向かい合うように、報道陣が座っている。その後方には、テレビカメラが何台も並ぶ。部屋の横にも音響を調整する係など、町の人たちが居並んでいる。資料も配られた。

「それでは、ただ今より、太地町における水銀と住民の健康影響に関する調査結果報告会を開催させていただきます。なお、本日の報告会は、ご案内の通り、午後三時までとなっておりますので、ご協力よろしくお願い致します」

役場の総務課長の声で始まった。

国立水俣病総合研究センターの岡本浩二《おかもとこうじ》所長が調査結果を発表する。細かくてややこしいが、おおよそ次のようだ。

調査は、頭皮から約三センチまでの毛髪を採取し、加熱気化―原子吸光法によって水銀濃度を分析する毛髪水銀調査。夏季調査では、町民一〇一七人の協力を得られ、冬季調査では三七二人の毛髪資料を採取したという。

夏の調査結果は、国内一四地域の平均と比べて、太地町の水銀濃度は四倍以上も高かったという。国内一四ヵ所というのは、北海道二、宮城、千葉、埼玉、新潟、長野、和歌山、鳥取、広島、福岡、熊本二、沖縄。具体的には、他地域の平均が男性二・四七ｐｐｍなのに、太地町は一一・〇ｐｐｍと約四・五倍、女性は、他地域一・六四ｐｐｍなのに、太地町は六・六三ｐｐｍと約四倍だった。最大値は、太地町の七〇代男性で、一三九ｐｐｍ。ＷＨＯ（世界保健機関）で神経障害などを発症しかねない基準とする五〇ｐｐｍを超えた人が夏冬で四三人いたという。

また、毛髪提供と同時に、自記式アンケートを行い、過去一ヵ月間に魚介類をどれだけ食べたかを書いてもらったという。その結果、毛髪中の水銀が魚介類摂取に由来することが推定されたし、「一ヵ月間にクジラ、イルカを食べた」人たちの水銀濃度が食べなかった人たちより高かったため、クジラ・イルカ食が水銀濃度に影響すると思われるという。

さらに、調査は神経内科検診にも及んでいる。水銀濃度の高かった人たちを中心に二点識別覚検査と上肢運動機能評価システムを用いた検査などを行っている。その結果、「メチル水銀中毒の可能性を疑わせる者は認められなかった」という。

しかし、毛髪水銀濃度の非常に高い者も認められるため、所長は「健康調査の継続が必要である」と強調した。

不思議な結果だと思った。

水銀濃度が高いのに、健康被害はないという。私と同じように感じた人がいるようで、「今回の調査で、太地町の方が、水銀濃度が他の地域より高いことがわかったと。その原因が、おそらくイルカやクジラを多く食べていることと関係があるんじゃないかと。ただ、その食べているなかでも、健康被害が今のところないと考えられると受け止めたんですけど、よろしいですか」と確認する記者がいた。

それに対し、センター側は、「あくまでも調査した範囲内ですけれども」と答えた。

「このまま食べ続けてもいいということですか？」と質問が続いた。

センター側は、「従来に比べますと、クジラの消費量はかなり低くなっているといわれていますので、その面からいうと、新たに重大な問題はないのではないかと思っております」という。


会見を終えた私は、公民館の向かいにある町役場に向かった。町長のコメントを取るためだ。町長はリラックスしていた。発表と会見を終え、ほっとしているのだろう。

イルカの刺身を食べる三軒町長

私に向かって、「なんで、みんなおれのところに来るの。イルカ漁に関しては、町長は何の権限もないで。漁の許可をしているのは和歌山県だよ。なんで、県のほうに行かんの？」という。これは、町長のいつもの口癖なのだ。前にも書いたように、近海のクジラ・イルカ漁の許可を出すのは和歌山県だからだ。意見を求めるべき相手は県知事だというのである。

「まあ、町の顔、代表ということで、読者が求めているんですよ」

私もいつものように答えるしかない。

「しかし、まあよかったで。これで風評被害がなくなる。なんせ、健康被害がないってことが科学的に証明されたんだからね。これから専門家の先生に頼んで、問題ないってことをもっと証明してもらうよ」とゴキゲンだった。

そして、町長は、次のようなコメントを文書で出した。


〈鯨の町太地町では、町民自らが健康保持や増進に関心を持ち、日常生活の中で食生活に気をつけるなどの健康管理を図っていくため、住民の健康診断の一環として住民の毛髪水銀調査を行い、日常的な食生活との関係を調べ、メチル水銀による健康影響等を調査することを、以前より検討しておりましたが、この度、国立水俣病総合研究センター（以下国水研）にお願いして、平成二一年六月より調査を実施してまいりました。

その結果を本日ここに皆様方に報告することが出来ました。国水研の報告によりますと、太地町の住民の毛髪水銀濃度は国水研が調査した地域と比べると高いが、今回調査した範囲内ではメチル水銀中毒の可能性を疑わせる症例はみられなかったという報告を受けております。

また、我々住民は、古式捕鯨発祥の地として、四〇〇年もの間、先祖から受け継いだ捕鯨による鯨類を含む海産物を食べ続けてきましたが、過去、現在において風土病的な症例もなく、現在に至っております。

このようなことから、現状では、住民の皆さんの健康に影響がないと考えますが、今後引き続き国水研に調査をお願いして、この点を確認したいと考えております。

平成二二年五月九日

太地町長　三軒一高〉

映画の風評被害

私は支局に戻り、記事を書いた。この記事は地方版ではなく社会面に載ることになっていた。本社社会部へ記事を送った。

事実を淡々と書くが、気持ちは住民と同じようにホッとしている。記事の最後は、「健康調査の説明が終わると、会場の住民約九〇人から拍手がわいた。三軒一高町長は『健康被害がなかったことが科学的に証明できて安心した。今後、専門家を入れ、さらに調査を続けていきたい』と話した」と締めた。ニュアンスは、安心感たっぷりだった。

しかし、社会面トップに掲載された記事は、私の印象と違っていた。

見出しは「毛髪中の水銀四倍超」とものものしい。その次に「捕食と関連か　健康被害なし」と書かれている。

私の記事と並記されて、識者のコメントが出ている。一人は、中毒学が専門の大学の先生で「公害地域ではない場所での、食事による水銀汚染の数値としては極めて高い数値だ。神経症状が出現する可能性があるとされる五〇ｐｐｍを超える住民もおり、健康への影響が懸《け》念《ねん》される。今後、胎児や循環器への影響を調べるべきだ。文化を守ることは大切だが、継続的に口にするのは控えたほうがいい」という。

もう一人は、環境医学の教授で「健康被害が出ていないからといって大丈夫とはいえず、今後も調査を続ける必要がある。症状はどんな形で出てくるかわからず、年を取ってから出る場合もある。食べている魚介類の水銀濃度が高いなら、食べないほうがいい」という。

私は、太地町の住民に対して、申し訳ないという気持ちになった。この記事を読んだら、住民たちは憤慨するだろうと思った。

これでは、彼らの安心した気持ちに水を差しているようなものだ。

どうして、こんなことになるのだろう。もちろん識者談話は私が取材したものではない。本社の記者がデスクの依頼でコメントを取ったものだ。

「水銀濃度が平均の四倍」を強調するか「健康被害はない」を強調するかでニュアンスはずいぶん違ってくる。いや、まるで逆になるのだ。

私は、かつての出来事を思い出していた。

それは、二〇〇三年のイラク戦争が終わった直後の夏休みのことだった。私は、イラク戦争がどんな戦争だったかを検証しようと思い、妻と小学二年生だった娘を連れて二週間、イラクを旅することにした。

当時、現地の調査をするなかで、ある事実が浮かび上がってきていた――。

新聞には、「いまだイラクは戦争状態」という見出しが躍っていた。毎日のように米兵が殺されていたからだ。米兵は治安を維持するためにメインストリートを装甲車でパトロールしていた。反米の人たちからすれば恰好のターゲットだ。狙われるのは当たり前である。

報道が「いまだ戦争状態」というのは、あくまでも「米兵にとって」だ。そのころ、米兵以外の外国人は狙われていなかった。

私は、イラクへ行ったばかりのジャーナリストたちにいろいろ訊いた。そのなかでわかったことは、その当時のイラクは治安が安定していたし、食糧も十分にあり、ガスや電気、交通もスムーズだということだった。ビザも簡単に取れたので、米兵に近づきさえしなければ、親子連れでも十分に旅行ができる状態だった。

私は、考えた。報道は間違っている。イラクの現状を正確に伝えていない。だったら、私自身がリアルなイラクを伝えよう。そのためには、むしろ家族と一緒のほうが伝わるに違いない。私だけでなく、家族の視点からもイラクが見えるだろうと思った。

当時のイラクは、「家族旅行ができるほど安全」というのは、長年戦争取材を経験してきた私にとっても確信に近いものだった。私は、自分のプロの目を信じて、家族を連れて行った。それは『イラクりょこう日記』という本と『戦場の夏休み』という劇場映画にもなった。

ところが、世間の目は冷ややかだった。「なんで、危険なイラクに小学生を連れていくのだ」「子供は置いていくべきだった」「変な親だ、子供を犠牲にするなんて」などと非難された。

世間のいうことはもっともかもしれない。正しいことに違いない。危険はなるべく避けたほうがいいに決まっている。

しかし、しかしだ。そんなことをいっていては、何もできないし、社会に活力は生まれない。事なかれ主義もいいところだ。

だれも、私の意図や主張をわかっていない。だれも事実を見ようとしない。ただ「危険だ」「やめとけ」で終わり。「やめろ」ということは簡単で、だれにもいえる。しかし、それは無責任だと思った。こっちは、全身全霊をかけて娘を守ろうとしているし、事実を伝えようとしているのに、だれもわかってはくれなかった。

私は、太地町への、この世間の反応を見たとき、イラク旅行のときと似た現象なのではないかと感じた。

太地町ではクジラ・イルカを四〇〇年も前から食べ続けている。それで健康被害がないのだから、それはそれで一つの重要な事実。世界保健機関（ＷＨＯ）の基準値を疑ってもおかしくないのではないだろうか。町の人たちには生活がかかっている。代案も出さずにただ「食べるな」というのは、やはり無責任な気がする。

その後、私の書いた記事を含め、この報道がされてから、太地のクジラ肉を扱った商品の返品が相次いだという。ある卸売業者は一ヵ月で約二〇〇〇万円の損害が出たという。

映画が誘発した風評被害が実際に出てしまったのだ。映画とは直接関係ないと思われるかもしれないが、現実問題、あの映画の存在がなければ、太地町の調査結果が、あんなに大きく取り上げられることはなかったと思われるからだ。

反イルカ漁活動家にインタビュー

映画『ザ・コーヴ』の主人公、反イルカ漁のアメリカ人活動家オバリー氏にインタビューする機会が訪れた。

映画の日本公開（二〇一〇年七月三日）が近づくにつれ、映画が話題になってきた。一部の政治団体が、映画公開を阻止すべく、公開が予定されている映画館に脅しの電話をかけたり、街宣車で「上映するな」と叫んだりしたからだ。

これに対して、文化人たちが反論をし始めた。進歩的といわれる雑誌『創《つくる》』を発行する創出版が、なかのZEROホールで上映会とシンポジウムを開くという。

私は、いても立ってもいられなくなり、休みを取って東京へ行くことにした。そのとき耳に入ってきたのが、オバリー氏も映画プロモーションのために来日するという情報。私は、すぐに映画の配給会社「アンプラグド」に電話し、インタビューを申し込んだ。こうしてシンポジウムの始まる前、ぎりぎりのタイミングでアポを取ったのだ。

インタビューは、JR目黒駅そばのホテルの中庭で行った。

アンプラグドの女性スタッフがロビーに現れ、名刺交換をすると、インタビューではどんな質問をするのかと訊いてきた。警戒しているようだ。

オバリー氏は私を見るなり、「君のことを覚えているよ」といった。今日はインタビューのためか、以前会ったときと違いスーツ姿であった。サングラスをしっかりとかけているのも違った印象を与えた。時間が三〇分だけと決められているので、私はさっさと質問を切り出した。アンプラグドの女性も横に座って聞いている。

——あなたは、イルカやクジラを食べたことはあるか？

質問が唐突だったのか、彼は一瞬困惑した表情を見せた。私は、基本的な彼の姿勢をはっきりと捉えておきたかったのだ。

彼は「いや、食べたことはない」と返事した。

——では、牛や豚はどうか？

間髪を入れず、質問を続けた。

「牛肉や豚肉は、食べる。ベジタリアンになりたいとは思うが、なれない」という。意外に正直な返事だった。ベジタリアンに関しては聞いていなかったが、よく聞かれる質問なのに違いない。

——太地町が、水銀調査をやったことはご存じか？

「知っている」

——その調査結果については、どう考えているのか。

「『ジャパンタイムズ』に載っていたが、その調査がいかに間違っているものかというのを説明してある。はっきり間違っていると。もちろん、科学を使って自分のいいたいことをいうことは簡単なことだから。その調査は、その町長によって行われたものだったので、そういう結果になったのだろう」

その返答は予想外だったが、いかんせん、『ジャパンタイムズ』を読んでいないので、なんとも返答のしようがない。『ジャパンタイムズ』といえば、あの発表当日、記者が私の隣に座っていた。名刺交換をしておけばよかった。

それにしても、そんな一方的な記事を書くとは、と不思議に思った（その後の調べで、それは五月二三日掲載のボイド・ハーネル氏の記事のことだとわかった。そこでは、「なぜ太地町住民に一人も水銀に関連する健康被害が出ていないのか、専門家はまったく説明できていない」とし、「それは明らかに住民を安心させて、食べ続けていいよというための調査だった。完全なウソだといってもおかしくない」とひどく非難していた)。

シー・シェパードとは違うのか

——住民は、水俣病のような脳の障害がなかったので、安心している。そのことについてはどう思うか？

「それは明らかに住民を安心させて、食べ続けていいよというための調査だったと思う。完全なウソだといってもおかしくない（『ジャパンタイムズ』とまったく同じ文言をしゃべっている）。死亡率は、他と比べて高いのは同じ。その事実は変わらない」

これでは対話にならない。調査が作為的なものでウソだというのだから、話は平行線をたどるしかない。しかし、死亡率ってどういう意味だ。

——死亡率って？

「実際、死ぬ確率は、他の町と比べて高い。太地町の医者なり病院を調べて、なぜ、そういう結果が出ているのかは、だれも調べていない」という。

何のことをいっているのかわからない。太地町の人は短命で、早く死ぬってことか。

——水銀調査の結果、太地町の死亡率が全国平均の四倍あったことを意味しているのか？私の質問を無視しているのか、話が嚙み合っていないのか、オバリー氏は、

「一番いいのは、毛髪で水銀汚染のレベルを確かめるのではなく、血液検査をすることだ。水俣病院のアキノ先生という方のリサーチを見れば、どういう数字が出ているのか、どういう方法が行われているのかがよくわかる」という。

また知らない名前が出てきた。それに血液検査なんて知らない。どうも、これ以上聞いても、議論が進まない気がしたので、別の質問をすることにした（これもあとの調査で判明したのだが、日本の国立社会保障・人口問題研究所は、二〇〇七年度の太地町における死亡者数は人口約三五〇〇人中六七人で、その死亡率は他の地域と比べ全体に五〇パーセントも上回っていると発表している。しかし、高齢化が進んでいれば、死亡率は自然に高くなるのではないだろうか。イルカ食と直に関係があるかは疑問だ）。

——日本では、ある政治団体の圧力によって上映禁止をする映画館が出てきたが、それについては？

「民主主義への冒瀆《ぼうとく》だと思う。この映画はアカデミー賞を受賞しているし、他の映画祭でも賞を取っている。娯楽としての価値が優れていると思うので、評価されるべきではないか。残酷なテーマを扱ったとか、水銀のテーマうんぬんではなくて、あくまで娯楽として優れている。その理由だけでも、一般の方々が見る権利がある。そういうことではないだろうか。

ところで、あなたは見たのか？」

——もちろん見た。

オバリー氏は勝ち誇ったように姿勢を正し、深呼吸した。これは、入念に用意された返答だと思った。当然だれもが発する質問だ。しかし、「娯楽」ってどういう意味だ。どうしてそんな言葉が出てくるのだ。アカデミー賞が娯楽作品ばかりを対象にしているからそういういい方をするのか。それとも、娯楽性だけでも見る価値があるという意味なのか。どちらにしても、面白さに自信があるのだろう。

しかし、そんなことはどうでもいいことだ。だれもドキュメンタリーでは娯楽性に重きを置いていないはずだ。そんなことでは、太地町の漁師たちに失礼だ。娯楽のために、漁をあんな風に取り上げられたのではたまったものではない。しかし、それをここで突っ込むとケンカになって、取材にならない。

——シー・シェパードが南氷洋で日本の捕鯨船に衝突したりして攻撃しているが、それについては、どう思うか？

「知らない。シー・シェパードの活動に従ってるわけではないし、彼らとはまったく関係ない。ジャーナリストは、同じカテゴリーに入れたがるが」と明らかに不愉快そうな表情をする。彼らと一緒にされたくないのだ。こちらから見ると、同じことをやっているようにしか見えないし、どこかでつながっているような気がするのだが、彼はシー・シェパードと一緒にされるとまずいと判断しているようだ。彼は、さらに次のような言葉をつけ加えた。

「シー・シェパードと私の活動をひとくくりにしてしまいたいと、みなさん思っているようだね」

――それは、シー・シェパードとあなたのやり方が同じようだと感じている日本人が多いということだ。

私が、そうたしなめると、彼は「フン」と一瞬無視したが、次のように語った。

「日本のメディアも基本的には、そういう団体とひとくくりにして、あたかも日本に攻撃をしかけているかのような見方をしようとしている。私自身はそのことを不安に思っている」

あくまでも、シー・シェパードと一緒にされたくないようだ。彼らとシー・シェパードがつながりがあるかどうかはわからないし、オバリー氏とシー・シェパードが同じように見えても、彼らのなかでは、一線を画している部分があるのかもしれない。


ノルウェーやアイスランドは？


私は、オバリー氏の立場をもっとはっきりとさせたいと思ったので、次のような質問をした。

――あなたはイルカ漁に反対しているが、クジラ漁にも反対なのか？

「両者ともだ。土地と人間の関係がそうであるように、海にとってイルカとクジラも、人間と同じようなポジションを持つ動物だから、それは保護されるべきだろう。私自身は、クジラもイルカも食べるべきではないと思う」

――では、水族館などで飼われることは認めるのか？

「それも反対だ。水族館は、イルカやクジラの姿を見せて、来場者を教育して、自然保護に関心を持ってもらおうというのが表向きの理由のようだけど、それはウソだ。実際は、教育目的ではなく、本当に娯楽だけのためにイルカやクジラたちは捕獲されている。だから、当然僕は反対する」

――では、たとえば、今は野生のものを捕獲しているが、水族館のなかで彼らの子孫を増やして、他の水族館に売るという方法を取った場合、それでもだめなのか？

「まったく価値がない。もしそんなことをしたら、結果的に悪い教育だと思う。そういうことを繰り返して子供たちに見せるのは、まったく意味がない」

さらに、先ほどの答えをとうとうと繰り返した。

「水族館で保護するのは教育なのだと、いろんな方がいっているが、本当にそれが目的なのであれば、それはいいが、現時点ではそれは娯楽になっている。自然のままであることを望む。やっぱり野生動物はあくまで野生という環境のなかにおいて、子供たちに学ばせるというのがベストだと思う。たとえば、子供がムカデを踏みつけるというのは、ムカデにとっては迷惑な話なわけだ。実際、イルカを見せている水族館が日本全国に五〇あり、教育を建て前として見せている。しかし、いざイルカの虐殺が行われていても、どれだけの人が助けに来るのか、それはとても疑問に思う」

同じことばかり話すので、しだいに私の頭のなかが混乱してきた。別の角度から質問してみることにした。

――ノルウェーやデンマークでもクジラ漁が行われているようだが、そのことについては？

「ノルウェーとアイスランドと日本などが、ＩＷＣの規定に反したことを行っているのは事実だが、少なくとも、フェロー諸島というデンマークの一部、政府の目が届かない場所で行われているイルカ漁は、もうすぐやめられることになっている」

――しかし、映画では、日本だけが取り上げられている。日本だけがバッシングを受けているように思うが？

「それは、製作者が考えたことで、私は知らない。あくまでも、あの映画は、アメリカの一個人の視点から捉えられたものだと理解して欲しい。いわゆる日本版の『ザ・コーヴ』が撮られてしかるべきではないか。日本の映画人スタッフによる映画が作られることが必要なのではないか。当然、水銀汚染の事実を描くことも」

そんなことは勝手な言い分だと思う。自分が映画の主人公でありながら、いざとなれば、自分は製作者ではないと、逃げの手口を用意している。それに、なんで日本人がイルカ漁の映画を作らねばならないのだ。

――映画のなかで、イルカは賢いからという表現があるが……?

「家畜と野生では、違いがあるのではないかと思う」

なにか答えになっていない気がする。自分の質問の仕方がおかしかったのだろうか。ええい、そんなことより大事な質問をしよう。

――映画のなかで、イルカを殺すところを見せるのであれば、牛や豚が同じように屠畜されるところを見せないと公平ではないと思うが?

「あくまでも映画製作者の選択であって、私はただインタビューという形で協力して出ただけだ。映画というのは、あくまでも監督の映像になるので、自分がやれば違うものになったと思う。絵描きにもそれぞれの作風があるように、この映画は、あくまで監督のビジョンで作られている。アカデミー賞で評価され、しかも映画自体がさまざまなテーマを扱っているのは事実だし、たとえば、人間と海の関係、水銀の汚染問題も含め、さまざまな問題が提示されているのは事実だ」

ええい、ああいえばこういう、こういえばああいう。それにいざとなれば、自分は映画製作者ではないからと逃げる。

牛を食べる欧米人はどうなる

私はイライラしてきた。

「世界中をこの映画のプロモーションで旅したが、映画で描かれているテーマに対して、肯定的な質問が多かったのに、日本では否定的になる。なぜこういう点がだめなのかということに重点が置かれているのが面白い。でも、さまざまな賞を受けているのはテーマとしてではなく、映画として娯楽として何らかの価値があると認められているから。それは一つの事実だ」

――娯楽として見るなんて、太地町の人がかわいそうだろう。

私は、ついにその言葉を吐いた。太地町の人たちには生活がかかっているのだ。「娯楽として見てくれ」はないだろう。それは失礼だ。しかし、待てよ。今やあの映画は、娯楽としてしか価値がないと見ているのだろうか。たくさん間違いが指摘されて、自信をなくしているのだろうか。

「そんなことはない。あくまでも、太地町には三四〇〇人の人がいて、そのなかのごく一部の人がイルカの虐殺を行い、水銀に汚染されている肉を市場に流している。日本人に対する攻撃でも何でもないわけです」

――そりゃ、町で実際にイルカ漁に携《たずさ》わっている漁師の数は少ないかもしれないが、太地にはクジラの町というプライドがある。祖先から受け継いだというプライドがある。

「日本人の問題ということだけでなく、世界の問題なのだ。いわゆる人間と海がどう関わっていくかというメタファーの問題であって、その行為をする数人に焦点を当てたものではない。あくまでも大きな視点で見てほしい。イルカというのは日本だけでなく、世界中にいる。水銀に汚染されているのは事実であり、その原因の一つとなっているのは、たとえば、石炭による発電所であったりするわけだ。実際、中国ではそういう施設が毎週作られているぐらい、数多く存在する。それが、環境に及ぼす結果が、この作品に描かれているようにイルカの水銀汚染という形で現れているわけだ。あくまでも大きい視点で見ると、そういうことになる」

大きな視点に立てば、小さな漁民の犠牲は仕方がないということか。なんだかはぐらかされている気になる。

——太地町には、いつから来ているのか？

「最初に来たのが一九七六年。二〇〇三年以来、年間五、六回来ている」

——いつまで？

「わからない」

——太地町が捕鯨をやめるまで？

「私はここが好きなんだ。勝浦によく泊まるが、ほとんどの人はとても温かい。でも実際、自分の家族を連れてそこに行くというのはちょっと問題があるかもしれない。しかし、もちろん将来的には、自分としては思い入れのある土地だし、大好きなので、いずれは和解したいと思っている」

意外な面を語った。彼は熊野が好きだという。よくわからん男だ。これもリップサービス的作戦なのかもしれない。でも、何度も来れば、ここの人たちの穏やかさはわかっているに違いない。しかし、この映画は、彼にとって商売だ。活動することで金が集まる。

——反対運動はずっとやるのか。太地の漁師たちが完全にやめるまで？

「はい」

——牛は草を食べるとき反芻《はんすう》するため、たくさんのゲップをして二酸化炭素を出す。それが地球の環境を汚染している。そう唱える科学者がいることをご存じか。そのことも警告したほうがいいのではないか？

私は皮肉をいってみた。

「はい。そうだと思う。ブラジルで森林が破壊されているが、牛を家畜とするための土地を確保する目的で、実際、森が壊されているということだから、警告はされるべきだ」

——牛をたくさん食べる欧米人も非難されるべきではないか。と同時に、あの映画で、感情的にイルカがかわいそうだというのであれば、牛や豚が殺されるところもないと説得力がないのではないか？

「日本人製作者がアメリカに来て、そういう映画を作れば、私は『どうもありがとうございました』と心を込めて礼をいう。フロリダでは毒のあるものを売っている。日本のスタッフが来て、『マイアミでは、毒のあるものを売っている』と告発してくれれば、『ありがとう』というよ」

本当に、ああいえば、こういう。弁が立つというか、したたかだ。オバリー氏は、反対に次のような質問をしてきた。

「自分は映画製作者ではないからよくわからないが、国立公園である場所で、フェンスやバリケードを作って撮影禁止というのはおかしいのでは。公園は、人々が自由に写真やビデオを撮っていい場所ではないか？」

――あれは、シー・シェパードが来て、網を切ったので防衛しているのだ。

「違うと思う。シー・シェパードが来る前に、すでにフェンスとバリケードがあったはずだし、あそこは津波のときの避難路になっているはずなので、それ自体が違法なのではないか？」

――崖が崩れるからと町はいっている。

「撮影しようとしたから止めたのだと思う。崩れる可能性があるというのはウソだと思う」

――ウソではなく、確かにそういう理由だと思うが。

「フェンスを作るというとき、結局、自分たちの伝統だ文化だといい張って、実際に行われていることは残忍極まりないことだったとしても、そういう風に線を引いてしまう。避難路であるところにバリケードを作るのは違法ではないのか、国立公園なのに、そんなことをしていいのか、ということをリサーチする人はいない。本当のことをいうと、ニュースにすべき価値があるのは、自分ではなくて、水銀に汚染された肉を売っている、というトピックである。本当にそこがポイントで……」

そのとき、先ほどからそばでソワソワしていたアンプラグドの女性スタッフが「もう時間ですから、誠に申し訳ありませんが」と制止してきた。

インタビューは終わったが、すっきりしない気持ちが残った。最後のフェンスの問題が象徴するように、すべてが平行線のように思われた。確かに同地の崖は崩れやすいと思うが、彼らが来なければ、おそらくフェンスを作らなかっただろう。しかし、彼らは、「国立公園なのに、バリケードを作っていいのか」と疑問を呈するわけだ。基本的にベクトルがまるで違っている。

彼らは「正しいか、正しくないか」と迫ることを権利として追及してくるが、日本側は、よその家（他国）に行ってまで、「お前がやっていることは間違っている」などということを追及はしないだろう。そこまで厚かましくはなく、またそこまでお節介でもない。向かっている方向がまるで違うのだ。

そんな印象を持って、私はシンポジウムの会場に向かった。

憲法二一条とイルカ

東京・中野のなかのZEROホール。行列ができ、なかに入れない人も多い。ところどころに警官が立って、物々しいムード。会場内は満席。小ホールとはいえ五〇〇人は入る。

映画上映が終わり、ステージにはすでにパネリストたちが並んでいる。司会の篠田《しのだ》博之《ひろゆき》氏が、「サプライズゲストで、リチャード・オバリーさんが来ています」と紹介した。

オバリー氏はさっそうと登場し、次のように語った。

「私は映画製作者ではなく、活動家としてこの映画に参加しています。だから、映画表現のコントロール権を持っておりません。ただこの映画のプロモーションのために、自分の意思で来日しました。残念ながら、あるグループの活動により、この映画の上映が妨げられるということが起こっております。

ただ、今夜、このことを議論するためにパネリストが集まってくださったと理解しています。この作品はアカデミー賞を受賞しただけでなく、世界各国のさまざまな賞を、ドキュメンタリー映画としては記録を塗り替えるほどたくさんの賞を、もらいました。だからこそ、娯楽としてでもいいから、日本人に見せてあげたい。見る権利があると思います。このボードに書かれていることを心に留めていただきたいと思います」

そう語ると、手に持ったボードを高々と掲げた。そこには、「日本国憲法二一条」と英語

物々しいムードのなかのＺＥＲＯホール前

で書かれていた。その意味するところは、「集会、結社及び言論、出版その他一切の表現の自由は、これを保障する」である。

シンポジウムの口火を切ったのは、作家で映画監督の森達也《もりたつや》氏。余談だが、彼は、私が映画を撮るきっかけとなった人物である。彼が映画『Ａ２』を撮影したとき、同行取材したことがあった。

「今、オバリーさんが憲法二一条を引き合いに出しましたけど、憲法っていうのは、要するに国民が国家を規制するために存在しています。二一条で言論、出版、表現の自由を唱えるということは、要するに、国家に弾圧させないということなんです。だから、こういうケースは想定していない。国民同士というか、ここで上映中止の弾圧があったり、こういう自粛があったり、というような状況は、憲法が入るべきことでもない。だから、弾圧のレベルではない、少なくとも、とてもおそまつな話です。

ただ僕は、上映中止を求める言論も保障されていいと思う。それもいっていい。ただ、暴力の付随する行為で、言論を制止させるのであれば、それはやっぱり違います。同時に、それに対して萎縮《いしゅく》をしてしまうという、表現する側の覚悟のなさ、それも問われるべき。ただ、一部の活動家、一部の劇場だけを批判してすむ話ではないですね。少なくとも、日本社会の構造のなかに、なんらかの歪曲《わいきょく》したものがきっとあるというのを見せつけないと、とても不毛なシンポジウムになります。なんで今さら、表現の自由を守りましょうといわなければならないのか、とても情けないです。それをいわなければならない状況になっているのは何なのだろうということを、僕も考えたいし、みなさんにも考えてもらいたい」

森氏は「表現の自由」について言及。確かに、表現の自由といった場合、国家に対しての憲法第二一条と捉えるのが普通だが、まれに人権対人権で、私人同士の争いでも使われる。

イルカは胃薬を飲んでいるのか

続いてアジアプレスのフリージャーナリスト綿井《わたい》健陽《たけはる》氏が語った。

「昨日、一昨日と、この映画の舞台である太地町に行ってきました。太地町の役場に勤める方に聞いたんですけど、今、メディアの対応に追われているんです。本当に、この映画どう思いますかとか。みなさんはどう考えますかとか。すごく怒っていました。映画を撮った人たちや、メディアのいう表現の自由って何なんですかといっていました。

今、外国のメディアが来て必ず使う言葉があるといっていました。ニュートラルという言葉。われわれはニュートラルだからと。日本のメディアも中立だからという言い方をする。外国のメディアも日本のメディアもそこで一致しているのかもしれませんが……。

太地町の人たちにとっての生活とか、彼らの言い分とかもやっぱり保障されて、この後、どんどん伝えられていって、太地町からの抗議に対しては、製作者の人たちも返答していくというような形で、その後で、どんどんこの映画の内容のような議論が起こればいいのではないかというのが私の願うところです」

綿井氏が太地町に来たとき、現地で会った。綿井氏は二〇一〇年四月にも来たという。太地町の人たちの話を聞いたりしていると、映画に対する印象が変わってきたという。以前は映画を評価していたが、疑問がどんどん出てきたという。やはり、現場に足を運ぶというのは大事なことなのだと思った。

次は、映像ジャーナリストの坂野正人氏の言葉。坂野氏はイルカ関係の取材を二〇年ぐらい続けており、この映画の製作段階からなにかと関わりを持っていたという。

「この中止騒ぎのきっかけは立教大学での上映中止ではないかと思います。中止の理由は、映画の内容。肖像権の侵害に当たる部分があります。それから事実誤認ということがいくつかあると。そういう恐れがあるものを上映しないようにというような内容証明の手紙が来ました。告訴状でもなんでもない、単なる内容証明の手紙なのに、即上映中止を決めたといいます。まったく事実関係を調べようとした形跡はありません。要するに、自主規制ということと、事なかれ主義というのがキーワードになっているのではないだろうかと思っています。

その延長で見ると、さっき観ていただいた『ザ・コーヴ』なんですけど、これは日本の製作会社のほうで手を加えたものです。見ての通りモザイクだらけの映画。これはある意味、ぎりぎりの選択だったんだろうと思うんです。映画そのものが自主規制、やりすぎの自主規制です。なかでも、警察官にもモザイクを入れるなんて聞いたことがない。自主規制もいいかげんにして欲しいという感じなんですね。そういう自主規制と事なかれ主義ですね。なんとか上映さえできればという、そういう部分が見え隠れするんで。そのへんがちょっと気になっていたんです」

坂野氏は「告訴状でもなんでもない、単なる内容証明の手紙なのに、まったく事実関係を調べようとした形跡はない。要するに、「自主規制」ということを怒っているが、大学の授業で映画を上映するぐらいで、わざわざ事実関係を調べるだろうか。私は、今でもこの映画の事実関係を調べているが、そう簡単にわかるものではない。そのことで大学側を責めるのは酷だと思う。

続いて一水会《いっすいかい》顧問の鈴木《すずき》邦男《くにお》氏だが、彼は、映画がとても気に入ったようである。「ここまでやってくれるとアッパレという気がする。勉強になった」という。そして、次のようなことを話した。

「非常に大きな問題提起の映画になっていると思う。オバリーさんも自己批判から始めていますよね。自分が一〇年間やってきたことを三〇年かけて反省しているということで。

僕も、イルカの肉は、食いたくはないし、イルカを捕る必要もないと思いますけども、ただ、イルカショーというのは、いいだろうと思っていました。あれは、イルカが喜んでやっているのではないかと思っていたが、この映画を観て、いやそうじゃなくて、イルカも胃薬飲まされて、またストレスで死んでいるイルカもいるんだと。あ、そうか、われわれは残虐なことをやっているんだと反省しましたし、知らないことをいっぱい教えられました。この映画を観なかったらたぶん僕も知らなかったでしょう。で、そういう意味で非常に大きな問題提起だと思います。

この映画を観て、その上でこれは間違っている、これはいけない、あるいは、これは日本の文化だ、伝統だということならば、そういう話を堂々と意見としていえばいいと思う。それにもかかわらず、まず見せない。見せないで、これを反日映画と決めつける。反日だと決める基準は、自分が愛国者だということですよね。自分が愛国者であるから、これは反日的な映画だと仕分けをするわけですよ。だったら、一億の人間に全部観てもらって、ほら、こんなにひどいことをやっているぞと、そうしたら俺たちの主張が正しいということがわかるといえばいいんですけども、そういう勇気もないいんですよね。

それはかえって、日本国民を馬鹿にしていることではないですか。日本国民を信じてないということではないですか。そういう行動そのものが、ぼくはもう最大の反日行動だと思います」


私から見ると、すでにこの映画に相当洗脳されているように見える。オバリー氏の自己批判から始まっているというが、私にはそう思えない。あれは、オバリー氏特有の演技に見える。彼は、イルカが自殺したと語っているが、前にも書いたように、イルカが自殺なんてするわけがない。

水族館のイルカが胃薬を飲まなければならないほどストレスが溜まっているという話を真《ま》に受けているようだが、私が太地町で何人かの飼育係に訊いたところ、そんなにストレスを溜めるほど芸をやらせているとは思えない。彼らは、毎日イルカやクジラたちの体調を調べている。よくかわいがっている。無理矢理、それも自殺するほどやらせているとは思えない。そんなことをすれば、客観的に見ても大損害ではないか。食用のイルカと違って、水族館のイルカは高価なものだ。

それをいうなら、すべての動物園を廃止しなければならないし、家で飼っているペットだって、拘束や調教があるという意味で、禁止しなければならなくなる。もちろん、動物園を廃止すべきという主張で活動している動物愛護団体があるのは知っているが、もし、イルカの飼育や調教がだめだとなると、その話はペットにまで及びかねないと思う。

オバリー氏は、反省どころか、この一連のイルカ騒動で、彼だけが一人勝ちしている。彼は、テレビドラマ『フリッパー』に出演したことで一躍有名になり、経済的にも豊かになったに違いない。そのブームが終わると、今度は一転、「イルカを解放しろ」と活動し、資金を大いに集め、映画にまで出演して、ヒーローになろうとする。突っ込まれると、「私は映画製作者ではない」と逃げる。

グローバリゼーションの押しつけ

最後は、アジアプレスの野中章弘《のなかあきひろ》代表。彼は日本の戦後ジャーナリズムの申し子のような人物。私も彼とのつきあいは長い。いかにも彼らしい視点から主張した。

「ジャーナリストで一番大切なものは表現、言論の自由なんですね。その観点からお話しすると、さっき綿井君が話した、メディアが太地町に取材に行ったときに、ニュートラル、中立といったという、これはかなりウソですね。僕はニュートラルな立場で取材したことは一回もない。ですから、偏っているといわれれば、そうなんです。大切なのは偏っているのが一つでなく、たくさん偏りがあるというのが、民主主義社会の基本だと思うのですね。

言論の自由があるのは、憲法二一条があるからではなく、いろんなジャーナリストたちが闘い取ってきたものです。そういう闘いの歴史が、日本のジャーナリズムには非常に希薄であると。議論を聞いていると、みなごちゃごちゃなんですよね。つまり内容、ドキュメンタリーの手法に問題があるという指摘。イルカ漁、クジラ漁の話。それから上映するなという話と、これはやっぱり分けて考えるべきだと。

映画については、ドキュメンタリー論として、非常に嫌だったと思う人のほうが、多分多いだろうと思う。そのこととこの映画を上映できないということとはまったく別の話。これはわれわれの領域の話。言論の自由の話ですから、それは、われわれが譲歩できない。そういう話。太地町の漁師さんの話が出ましたが、このことについては彼らとまた話を積み重ねていけばいい。そういう問題だと思う」

パネリストが一通り話すと、司会の篠田博之氏が「ちょっと私もコメント」といって、次のように述べた。

「オバリーさんの話を聞いていて、あそこで日本国憲法の条文をいわれたのは、日本の状況が情けないという気がしますよね。だから、これ本当に、言語表現に携わってる人たちが、もうちょっとこういう問題を考えて欲しいと思う。映画『靖国』のときにも考えたが、またこういう問題が起こった。一番の問題はやっぱり自粛、映画館がやめたことについて、配給会社が営業妨害だともいえないわけ。自分たちの自粛でやめている。自分たちの判断でやめたという形になっているから抗議もできない。そこまで弱いんですね。

細かい経緯はいいませんが、街宣攻撃をかけられてやめたんじゃないんですよ。街宣攻撃を何月何日にかけるぞ、といったら、怖がってやめたんです。明らかな自粛なんです。映画館だけを責めちゃいけません。これは日本のマスコミの体質なんです。マスコミは他人事風に報道しているけれど、自分たちで日常的にかかえている問題だと考えないといけないですよね」


以上が、主なシンポジウムでの意見。もちろんもっと議論はしているし、ここに記すうえで省略した部分も相当あるが、おおよそこんな感じだった。

私は、このシンポジウムのあと、新聞紙上に次のような意見記事を載せた。

〈(前略) シンポジウムでは、作家の森達也氏、アジアプレスの野中章弘代表、一水会の鈴木邦男氏ら五人の著名人が意見を交換。飛び入りで、映画の主役オバリー氏が登場し、「日本国憲法二一条で、表現の自由を認めているではないか」と主張した。

シンポでの大方の意見は、いったん上映して、それから議論していけばいいというものだった。しかし、映画を見た人すべてに冷静な判断が働くとは限らないと思う。映画を見て感化された日本人が、欧米人と一緒になって、太地町で反捕鯨活動をすれば、それは、漁師たちにとって悲しむべき業務妨害となる。また、表現の自由とて無制限ではない。憲法一三条には「公共の福祉に反しない限り」とある。

アメリカのように日ごろから自己主張の訓練が行われている国の表現者と、日本の小さな町の木訥《ぼくとつ》な漁民たちとが同じ土俵で闘えるだろうかとも思う。ハリウッドと漁業の町では資本力も技術も対等ではない。それは、表現力や技術を持つ者の横暴に聞こえる。何でもアメリカ基準にしてしまうグローバリゼーションの押しつけではないだろうか。

もちろん、脅しや暴力で上映禁止を訴えるのは間違っている。しかし、映画の中に脅しや暴力に匹敵する誇張や偏向が含まれているとしたら、それも怖いことだ。その映画に抵抗するのに漁民たちはあまりに無力だから〉

以上、記事の後半部分。読者からたくさんの反響をいただいた。半分が反対意見だった。「表現の自由」に反論したことに抵抗があったに違いない。なかには「お前はジャーナリストのくせに、表現の自由を否定するのか」と語気の荒い手紙もあった。

私は、ジャーナリストだからこそ、表現の自由を扱うときは慎重にしなければならないという気持ちなのだが、「表現の自由」という言葉は美しすぎるようだ。そして、イルカも食べるには、あまりにもかわいすぎるようだ。

第二章　『ザ・コーヴ』の大虚構

「最近は外人見るだけでいやや」

映画『ザ・コーヴ』は、日本全国の劇場三七館で公開された。興行成績は、大都市部ではよかったが、地方ではあまり芳《かんば》しくなかった。

上映を自粛する映画館が出たことはメディアで盛んに報じられたが、太地町側からの映画に対する反応はほとんど感じられないし、公開されてからの町民の動きの変化もない。少なくとも表面的にはそう見える。第一、その映画を観た町民がほとんどいない。大阪や名古屋まで電車や車で三〜四時間もかかるから、自分たちのことを非難する不愉快な映画をわざわざ見に行く人はいない。見なくとも、メディアを通じてどんなことを訴えているかは知っている。

見ない理由はもう一つある。町民たちと反捕鯨を訴える外国人たちとの闘いは長い。もう三〇年以上も前から反捕鯨は叫ばれているし、外国人たちが太地町に頻繁に訪れるようになってからもう一〇年近い。彼らが何を考え、どんなやり方をしているかおおよそ知っているので、映画で訴えられる以前にもうウンザリしているのだ。

映画に関してはほとんど無視に近い状態。だから漁師たちの声はほとんど表に出てこない。実際、クジラを捕る漁師たちのグループ「いさな会」のなかで、しゃべらないように箝《かん》口令《こうれい》が敷かれている。

理由は、しゃべればしゃべるほど映画の宣伝になるし、騒ぎが大きくなればなるほど、反捕鯨のグループを喜ばせることになるからだが、もう一つの理由は、メディアを信用していないことだ。『ザ・コーヴ』で隠し撮りされたということが示すように、メディアからこれまで何度も裏切られてきているからだ。

同町漁業協同組合の杉森宮人《すぎもりみやと》参事によると、「いろいろなことに協力してしゃべっても、都合のいいところしか使われない。本当のことがぜんぜん伝わらない」という。それは最初、外国のメディアに対してだけのものだったが、「日本のメディアもセンセーショナルにしか取り上げない」とメディア全般に対する不信感が募《つの》ってしまったのだ。だから、地元で取材するわれわれにとっても、漁師たちの本音を聞くのは非常に難しい状況になっている。

「匿名ならば」という条件で、ある漁師は、

「最近は外人見るだけでいややで。空港へ行ったときとか。僕らのメンバーみんなそういうところあると思うで。トラウマみたいや」

と話した。なぜ、匿名なのかと問うと、

「主張したいというのはあるんやけど、いうと、僕の知ってる人から電話がかかってくるかもしれないし、名前を見て、関係のない人が電話をかけてきて、『捕るのをやめろ』とかいってくる。悪いことしてるわけやないけど、そんなん関係なしに圧力かけてくる。僕だけやったらかまわんけど、やっぱり家族があるもんで。借金もあるし、漁をやめるわけにはいか

ん」

という。さらに、

「そんな気持ちを表に出すと、外人たちが（効果があると見て）、もっと活動をやるようになるやろ」

と複雑な思いを語った。

押し寄せる反捕鯨団体

太地町の人たちの様子は変わらなくとも、周囲の変化は大いにある。反捕鯨を訴える欧米の活動家らがたくさん訪れるようになり、警察と海上保安庁の警備も増えてきた。メディアの数も当然増えてくる。それは、イルカ漁の解禁となった九月初旬から始まった。

漁師たちは天気さえよければ連日漁に出ている。二〇一〇年九月二日、最初に捕獲されたのはバンドウイルカ約二〇頭で、続いて五日に一〇頭を捕まえた。それは前年とあまり変わらないペースだった。しかし、前年と違ったのは、連日外国人が数人から多いときで一〇人ぐらい、映画のクライマックスシーンの舞台となった同町の畠尻湾《はたけじりわん》で漁師たちの様子をうかがうようになったことだ。前年ももちろん、漁解禁のときには外国人が来ていたが、せいぜい二、三日のことだった。ところが、この年は連日で、警官と活動家たちとの間のこぜりあいもときどき起こっている。

活動家といっても、最初の一、二週間はまだ過激なメンバーではなく、映画『ザ・コーヴ』を見て触発された観光客に近い人たちだった。それでも彼らは、「アメリカ人も奴隷制を文化だと思っていた時代があった。イルカ漁も悪い文化だから、やめて欲しい」（五九歳のアメリカ・ロサンゼルスの会社社長）とか、「食べるのも、水族館で飼うのもかわいそうだ」（六五歳の男性・無職）などと話した。なかには、映像や写真をインターネットで流すという人もいた。

アメリカのメディアも来ていた。独立映画プロダクションのマイク・イザベル監督は、「太地町の人々の意見を聞こうと思って来たが、住民たちはわれわれを避けて何も話してくれない」と弱り切っていた。

同町に大きな緊張が走ったのは九月も半ばに入った一三日だった。その日、東京や名古屋の保守系の政治団体が、太地町役場の前で街宣活動をするという情報を得たので、私も太地町に向かった。役場に行く途中に畠尻湾があるのだが、その畠尻湾に立ち寄ったところ、海辺に見知らぬ白人三人がいて、その周囲を警察と海上保安庁の職員一〇人以上が遠くから取り囲んでいる。異様なムードだと思い見ていたら、男のTシャツに英語で「シー・シェパード」と書いてある。

「ついに来たか！」

驚いたのは私だけではなかった。政治団体の人たちも町役場から急遽《きゅうきょ》、畠尻湾に抗議行動の場所を変更。地元の政治団体も加わり、街宣車が四台となり、狭い浜はたちまち大騒ぎとなった。

東京から来たのはＮＰＯ法人「外国人犯罪追放運動」のメンバー。地元の政治団体は「日本世直会」で、「テロリストは去れ」「白人による横暴は許さない」などと演説したり、街宣車でアピールしたりした。あわや一触即発かと思ったが、警官隊が両者を引き離す。

外国人たちは知らぬ顔で、漁師たちが捕獲したイルカから水族館に売却するための若いイルカを選別しているところを撮影する。シー・シェパードのメンバーだと名乗るアメリカ人のスコット・ウエスト氏（五二歳）は、

「高校生の娘が日本文化について論文を書きたいというので、連れてきた。撮影した映像は、シー・シェパードのウェブサイトで流すつもりだが、妨害行為をするつもりはない。年金生活なので、観光ビザいっぱいの三ヵ月間、太地にいるかもしれない」

と話していた。

彼はシー・シェパードの幹部で、毎日同グループのリーダー、ポール・ワトソン氏と連絡を取っており、「日本の太地町が重要であり、ここでイルカ漁をストップできれば、世界のイルカ漁をやめさせることができる」と確信しているようだ。同時に、彼がウェブサイトで情報を流すことで、寄付金が集まるシステムであることも判明した。

警察や海上保安庁の職員は、日本の団体と彼らが衝突を起こさないよう、ピリピリとした

演説を行う「外国人犯罪追放運動」のメンバー

雰囲気で監視。漁師たちは、淡々と作業をしていた。

その夜、陸では警官が、海上では海上保安庁の巡視艇が一晩中見張りを続けた。

次に事件が起こったのは九月二九日。東京の友人から「太地町のイルカの生け簀が破られたそうだ」との電話が入った。インターネット情報のようだった。新宮署で確認すると、捜査中ということだったが、事件を認めた。太地町の漁業協同組合に電話すると、「報道すると、犯人たちが図に乗るから、できたら報道せんといて」という。しかしその夕方、NHKがニュースで流した。

破られていたのは、太地港の一画にある生け簀。半数にあたる七ヵ所の網で、海中部分が五〇センチから一メートル半の長さで、ナイフのようなもので切られていた。生け簀には、水族館などに売却するバンドウイルカ約三〇頭が入っていたが、逃げられた形跡はなかった。

新宮署は、器物損壊と威力業務妨害の容疑で調べているという。副署長は、「本当に逃がすつもりだったら、もっと切ることもできたはずや。ただのアピールだけが目的やったのかなあ」と首を傾《かし》げていた。

二九日の早朝に漁師が発見したので、犯行は前日の夜と推定できる。ところが、前日は大雨だった。人に見られないように、あえて雨の日を選んで決行したようだ。犯人は、犯行後、すぐに国外に脱出したらしい。欧州オランダに本拠地のある反捕鯨グループ「ザ・ブラック・フィッシュ」がインターネットで、「自分たちの犯行だ」と声明を発表したが、新宮署は「日本人の仲間がいる可能性もある」という。

未遂事件もあった。一〇月一一日。私がシー・シェパードのウエスト氏に畠尻湾でインタビューをしているとき、大阪から来た英語教師で「太地ドルフィン・アクション」のメンバー、アメリカ人のスティーブン・トンプソン氏（四四歳）が、急に海に飛び込んだのだ。

二〇メートル沖には、イルカの生け簀があった。彼は泳いでそこまでたどり着いた。網を破るか、イルカを逃がすつもりかと、私も警官たちもみな一様に緊張した。彼は、「赤ちゃんイルカや妊娠したイルカを捕まえていいのですか。水銀の入っている肉を子供にあげていいのですか」と訴えた。

陸に上がってきた彼は、警官にこっぴどく叱られた。本人は逮捕されるつもりで飛び込んだという。その前に警官から「泳いだら、逮捕するから」といわれていたからだ。逮捕されたほうがメディアに大きく取り上げられ、自分の主張が伝わると考えていたらしい。

警察は「法を犯したわけではないから捕まえなかった」と話す。その光景を遠くから見ていた漁師の一人は、「そんな中途半端なことをやるな。網を切るなりして、さっさと捕まればいい。奴らのやり方はもうわかっている。金（寄付金）を稼いでいるだけなんだ。いい加減にしろ」と吐き捨てるようにいった。

「日本のイルカを救う日」とは

一〇月一四日、その日は「日本のイルカを救う日」だという。公《おおやけ》に決められているわけではなく、反捕鯨の人たちが勝手に決めた日だ。その日、世界中の日本大使館前で抗議デモをするという。太地町でも何かあるかもしれない。私は、朝九時半に太地町に入った。

シー・シェパードのグループ三人と「日本のイルカを守る会」の二人の外国人が、町長に会うため町役場に行くという。アポなしだ。私に「通訳をしてくれ」というのでついていく。

町長は案《あん》の定《じょう》、会わなかった。これまでもずっと、町長は、「県知事の許可を得た合法的な漁をやっているだけだ」として、反捕鯨の人たちと会っていない。役場の前でウエスト氏は、「こんな大事な日に、町長は会わないという。次の選挙準備（県知事選）で忙しいのだろう。しかし、われわれと話す以上に大事な用事って何なんだ。そんなものがあるはずがない」と怒りを露《あらわ》にした。

第二グループは、『ザ・コーヴ』に出演したオバリー氏から託された町長への手紙を渡したいと申し込んだが、こちらも断られた。その手紙は、「イルカ漁業に対する代替案についてお話ししたい」と面会を求める内容だった。しかし、そのなかにも、「映画に対する批判は、製作者に対してであるべきで、撮影や編集に関して、自分は何の発言権も持たなかった」と書いてあった。彼はまた「私は映画製作者じゃないから」と逃げている。映画に出演する以上、映画に対する責任の一部は彼にもあるはずなのに、だ。

役場での騒動のあと、彼らは、畠尻湾に戻り、イルカの冥福《めいふく》を祈るために、花束を海に投げ入れたり、お酒と米を海に流したりした。ウエスト氏は、そこでも報道陣に向かって叫んだ。

「イルカやクジラを殺してもいいなんて、海に対する冒瀆《ぼうとく》だ。花を海に投げてはいけないなんて、どういう法律だ。ここはなんて残虐な土地なんだ」と。

しかし、私は彼らの行動や言葉はパフォーマンスに過ぎないと思い、記事にしなかった。

そして、太地町側と反捕鯨団体が対話する日がやってきた。初めての両者の対話だ。

シー・シェパードvs.太地町長

一一月二日、太地町で「イルカ漁意見交換会」が開かれた。

会の主催は「太地町のイルカ漁を考える会」だが、中身は地元の政治団体「日本世直会」。代表の中平敦氏《なかひらあつし》は最初、他の保守系団体と同じように「外国人は帰れ！」などと叫んでいたが、九月から太地町に監視に来ているシー・シェパードの幹部、スコット・ウエスト氏の熱心さに共感し、彼に協力するようになっていった。自身、「シー・シェパードは嫌いだが、ウエスト氏は好きだ」と語る。

彼はウエスト氏に「主張したいのだったら、太地町ではなく、イルカ漁を許可している県庁に行くべきだ。俺が連れていってやる」と持ちかけ、一部メディアも引き連れ日取りも決めた。ところが、それを知った太地町長は「それなら、私が話を聞こう」といった。それまでシー・シェパードや世直会との面会をずっと拒んでいた町長が、なぜ会う気になったのか。県庁に行かれるのが嫌だったとも、中平代表の「町の考えを表明すべき」という主張に押し切られたとも考えられる。

しかし、メディアの扱いに関してはかなりモメた。町側も、これ以上反捕鯨の連中に利用されるのは嫌だから、質疑応答の部分は録画も録音も禁止して欲しいと要求した。

また、一般人と区別しにくいフリーランスも含めて、メディア全部を受け入れるかどうかでもなかなか結論が出なかった。地元の新宮中央記者会は、中平代表の「当日の出席人数を出して欲しい」との要求を最初は拒んだ。「では出席させない」との回答に、仕方なく提出するが、彼のいった期日には間に合わなかった。

彼が人数を把握したがったのは、警察からの要請でもあった。人数に合わせて警備態勢が変わるからだ。記者会が人数を提出したときには、すでに会場の警備態勢は決められていた。激怒した代表は「入れない」との結論を出した。記者会が「なんとか入れて欲しい」と頼んだが、「詫び状と賛助金（二万〜三万円）を出せ」と要求。当然、すべての社が拒否した。最終的には、口頭で謝れば許すと譲歩したようだが、最後まで意思疎通はうまくいかなかった。

もちろん入れる入れないを決めるのは主催者の判断に任されている。それで、当日、会場に入れる社と入れない社に分かれるという事態となった。会の冒頭、中平氏は、「一部のメディアから妨害活動がありましたので、入れないメディアがあります」と事情を説明した。

太地町公民館の前では、朝から警察官が警戒。四台のパトカーが並び、外国通信社も含め約一〇〇人の報道陣が集まった。そのなかを町側から三軒一高町長や三原勝利町議会議長、漁野伸一《りようのしんいち》副町長や漁業協同組合関係者らが出席。

反捕鯨団体からは、シー・シェパード幹部のスコット・ウエスト氏や、ホエール・ファンデーションのジェフ・バンタコフ氏、ワールド・オーシャン・ファンドのスティーブ・ナカダ氏らが出席。当初出席予定だった、『ザ・コーヴ』の出演者リチャード・オバリー氏は、「町長側がメディアの自由な報道に規制をかけた」と訴える声明文を会場入り口で報道各社

太地町での「イルカ漁意見交換会」。中央が中平氏

に配り、参加をボイコットした。

司会をする中平敦代表は、「今日は話し合いや討論をする場ではない。両者は、まだその段階に達していない」と、単に意見を主張し質問を出す場と説明した。当初予定されていた反捕鯨団体と太地町の質疑応答は後回しにされ、メディアからの質問から始まった。

最初の記者の質問は、「どうして日本の伝統的イルカ漁を否定するのか」。

それに対し、シー・シェパード幹部のウエスト氏は、「伝統と文化に対しては理解しているが、長く続いているからいいというものではない。より学び、より啓蒙されることによって、私たちの行動が評価されなければならない。何が美しく、何がいいものか理解しなければならない。いつの日か、もう続けてはいけないものがあることも理解しなければならない。たとえば、奴隷制度。時が来れば終わらせなければならないものがある。鯨類の捕獲もその一つである」と答えた。

次の質問。「イルカ漁は野蛮だというが、議論や意見交換をする気はないのか。シー・シェパードはどうして町側と話し合わず、暴力的な振る舞いをするのか」

ウエスト氏は「鯨類を捕獲したり食べたりするのは非常に野蛮な行為だと思う」と答える。記者は「私は、シー・シェパードの野蛮さをいっている」と返す。

するとウエスト氏は、「私の活動が非文明的であるというのか。シー・シェパードは、国際法に基づき、国の代わりに行動しているだけだ。私が以前環境犯罪の捜査官をしていたとき、犯人逮捕の行動がさぞや非文明的に見えたことだろうが、それと同じだ。私は毎日太地のイルカ漁の行われている畠尻湾に行っているし、だれとでも話し合う用意はある。一〇月一四日も、町長に会いに行った。そのとき、太地が世界の注目を集めていたので、活動に対して質問に答えると申し伝えようと思った」と答えた。

映画の公開で漁の方法は変わるか

そのとき、司会の中平氏が、一部のメディアを追い出した。外のリチャード・オバリー氏を取材したというのがその理由だった。記者のなかから「どういう権利があって、追い出すのか」などの反論もあったが、中平氏は問答無用で押し切った。

記者「イルカ漁をやめたら、海洋の生態系を保てるのか」

ホエール・ファンデーションのジェフ・バンタコフ氏は、「難しい問題で、社会経済的な側面がある。最初にしなければならないのは、汚染の調査。そして、イルカ漁に代わる仕事を探さなければならない。徐々に減らすのが現実的だと思う。イルカの肉は、日本中に売られている。食料の安全と社会経済的な問題だと思う。個人的には三年で減らすのがいいのではないかと考えている」と答えた。

ウエスト氏「漁をやめるまで、われわれの活動をやめるつもりはない。妥協の余地はない。地球上で捕獲、虐待が終わるまで活動を続ける」

記者は町側へも質問した。「なぜ、今日出席したか。今後対話は続けるのか」

三軒町長「今回、地元で活動されている『太地町のイルカ漁を考える会』の要請に応じて参加した」

副町長「町としては、町の食文化について不毛な対話はしたくないが、対話には応じたい」

記者「映画を見た感想。差別意識を感じたことはあるか」

副町長「伝統的な漁。それぞれの文化は相互に尊重するべきだと思う」

記者「それでは質問の答えになっていない。差別意識を感じたかどうかだ」

漁業協同組合幹部「太地町はおおらかな町だが、それが描かれていない。映画は日本人差別、偏見に満ち満ちていると思う」

そのとき、記者の間から「司会者が質問を選ぶのはおかしい」という意見が出た。質問事項は、参加前に提出させられていたが、当日、司会者が「この質問をして欲しい」と選んでいたからだ。それに対し、司会者は「時間がないから」と答えただけだった。

記者の質問は、反捕鯨団体へと戻った。

記者「文化、歴史の理解、尊重が必要だと思うが、その考慮はしているか」

バンタコフ氏「しているし、重要だと思っている。この町には二〇〇七年から来て、日本人のパートナーと一緒に努力はしている。日本でどのようなシステムがあるか学び、方法を模索している」

記者「反捕鯨活動の根拠は」

ウエスト氏「明治時代、天皇は侍の階級を廃止した。今の日本がすべきことは二一世紀に向けて、クジラ、イルカを残酷に殺すのをやめること。今年、スペインで闘牛の廃止が決まり、イギリスではキツネ狩りが禁止された。親愛の情があるなら、日本もやめるべきだ」

記者「日本の法律を犯すつもりか」

ウエスト氏「二〇〇三年に、ポール・ワトソン代表（シー・シェパード）が日本の法律を破らないと日本政府に約束した。約束は守るつもりだ」

バンタコフ氏「日本のシステムは守る」
司会「他のメンバーは法律を犯すかもしれない」
ウエスト氏「私は一二月九日に日本を離れる。その前に次のメンバーが来る。その人物も約束を守る。現在、サポーターらが来ているが、彼らにも日本の法律を守るように指導している」
記者「映画公開以後、漁のやり方に変化はあるか」
漁業組合幹部「映画が公開されたからということではなくて、三、四年前から脊髄《せきずい》を切断する特殊な道具を使っている。それを使えば一瞬で死亡する。浅瀬に乗せるとおとなしくなる。そこで数秒で捕殺する。血が流れないようにもしている。牛や豚と同じように考えている」

イルカ漁と尖閣問題の共通点

会がそこまで進行したとき、時間がないから記者からの質問は打ち切りだという。次は、町側と反捕鯨側とがお互いに質問を投げ合うことになっている。

事前の打ち合わせでは、町側は相手側に「特に質問することはない」といっていた。そして、その時間はビデオ撮影も録音も禁止といわれていた。報道陣は外へ出されるかもしれないとも聞いていた。ところが、中平氏は、そのとき大きな声で次のように主張した。

「今、太地町は、メディアを排除しろという。そういうことは許されることではない。行政はわれわれに真実を伝える義務がある。町長、みなさん、どうですか。一時間のやりとりでいくつかの質問がありました。このままメディアの前で堂々とやりましょう。これは、表現の自由のために一番大事なことなんだ。賛同の方は拍手を」

報道陣から拍手がわいた。

「それでは、賛同者が多いようなので、始めましょう」と司会者は、そのまま会を進めた。

反捕鯨団体からの質問が続いた。「イルカを食べることには水銀汚染の問題がある。町民の健康を考えていないのか。ご家族、町民への心配は」

町長「われわれの町は県のなかでも健康には一番取り組んでいる町だと思っている。町民の健康調査も実施した」

ウエスト氏「日本は、世界でも一番クジラを捕獲している。太地町の一握りの人が日本全体の名誉を傷つけている。太地町はいつこの恥ずかしい行為を終わらせるのか。終わった時点の将来像は」

町議会議長「賢くて、かわいいと、シー・シェパードはいつも一方的な価値観を押しつけてくる。今日も価値観の違いが明らかになった。私たちは、この資源、環境を守りながらやっている。そちらはイルカは魚ではないというが、こちらは資源と考えている」

ウエスト氏の娘、エローラ・マラマさん「父がシー・シェパードの活動をやっているが、太地がよりよい方向に進むために、どんな手助けができるか」

町長「それは、太地の町民が決めることだ。町の住民になってから考えて欲しい」

以上で質問時間は終わった。

司会者は、ここで再び大見得《おおみえ》を切るように、舞台中央まで出てきて、次のように話した。

「私は、会を開くにあたり、町長との約束で、反イルカ漁側からの質問時間は、いっさいの報道をさせないという約束をしていた。こういった会合を今後も二、三回開きたいと思っていましたが、今日、約束を破ってしまいました。だから、今後開くことはかなり不可能な状況になりました。私は言論、表現の自由を訴えましたが、約束を破ったこと、大変申し訳ありませんでした」

そういって、最後には舞台中央で土下座をして謝った。こうして、異様な雰囲気のなかで会は終了した。

意見交換会のあと、反捕鯨グループの記者会見が開かれた。

シー・シェパードのウエスト氏「会合に参加してよかったとポジティブに考えている」

ホエール・ファンデーションのバンタコフ氏「どうにかしなければと考えてきたが、初めての対話が行われ、喜んでいる」

プラネット・ヴュー・プロダクションのマイケル・デイリー氏「COP10《コップテン》（生物多様性条約第一〇回締約国会議）で、日本政府は途上国に二〇億ドルの援助をすると約束したが、そのうちの二・五パーセントでもいいから太地のために使って欲しい」

ワールド・オーシャン・ファンドのナカダ氏「今後も話し合いを続けて欲しい」

案の定、意見交換会は物別れに終わった。両者は立ち位置が違いすぎる。

個人的な見解だが、今回の会で得をしたのは、反捕鯨団体のほうだ。相手を同じテーブルにつかせ、自分たちの活動を世界にアピールできたからだ。寄付金も増えたに違いない。

これは尖閣諸島の問題と似ている。本来は国境問題でもないのに、同じテーブルについたら、国境問題になってしまう。今後、太地町も、捕鯨について正式な問題と認めたことになるのかもしれない。

次の章では、シー・シェパードのウエスト氏の本音、そして、やっと口を開いてくれた現役のイルカ漁漁師へのインタビューを紹介する。さらに、水産庁の捕鯨担当者の考え、半世紀にわたってクジラやイルカを研究してきた大隅清治《おおすみせいじ》日本鯨類研究所顧問などの声を紹介する。

第三章　シー・シェパードvs.漁師

シー・シェパード幹部の暴論

私がシー・シェパードの幹部スコット・ウエスト氏にインタビューしたのは、まだ強い日差しが残る二〇一〇年一〇月一一日。そのころまだ、反捕鯨を訴える活動家たちは日中、畠尻湾でときどき泳いでいた。この年は、夏が終わるのが遅かったのだ。

湾のなかには、その日追い込まれたイルカが数十頭生け簀の中に閉じ込められていた。そのせいか反捕鯨の人たちは落ち着きがなかった。

私とウエスト氏は、湾のほぼ中央に陣取り、湾に沿って作られた道の上に座って話すことにした。私は、まずウエスト氏の置かれた立場について尋ねることにした。手始めに、ある新聞の記事を見せた。そこには次のように書いてあった。

〈シー・シェパードの活動を可能にしている背景には、SSの潤沢《じゅんたく》な財政状況がある。SSは二〇〇三年に初めて太地町に活動家を派遣。〇五年には捕鯨妨害を始め、〇七年からは抗議船に米有料チャンネル「アニマル・プラネット」の撮影班を乗船させて、活動家たちを「海の英雄」に仕立て上げる番組「鯨戦争」の制作に協力するようになった。「鯨戦争」は同チャンネル史上、歴代二位の視聴者数を稼ぐ人気番組に。アメリカやオーストラリアなどでSSの知名度は飛躍的に向上し、活動の原資にしている寄付金が急増した。〇四年は総額一二〇万ドル（約一億円）だったのに対し、〇八年には三九八万ドルと三倍強になった。〇九年にはアメリカの元テレビ司会者らから数百万ドルの大口寄付があり、総額は一〇〇〇万ドルを突破している可能性が高い。捕鯨関係者は「日本をたたくことで、収入が増えるビジネスモデルが確立され、SSにとって、日本が『金のなる木』となっている」と指摘する（二〇一〇年一〇月八日付産経新聞）〉

まず、「このことを知っているかどうか」と問いを投げかけると、ウエスト氏は、「まったく知らない。私は財政のことはまったく関知していないから」という。そして、「SSはNPO法人で、会社のように金が目的ではない」とつけ加えた。

太地に来ている費用について尋ねると、「三ヵ月で二〇〇万円ぐらい。内訳は、航空券、ホテル、レンタカー、電話、ガス代、食事など。でも私自身はボランティアだ」と答えた。

「しかし幹部のあなたが財政のことをなぜ知らないのか」と訊くと、「幹部のメンバーは二〇人ぐらいだが、私はヒエラルキーの外側にいる」という。

なぜ、太地に三ヵ月以上も派遣することにしたのか訊くと、

「われわれは世界のいろいろなところにメンバーを派遣している。デンマークのフェロー諸島、地中海のクロマグロ漁。トロピカル諸島は非常に重要で、常時メンバーがいる。それから、日本が違法にクジラを捕っている南氷洋（南極海）などだが、『ドルフィンキリング』

では太地がグラウンド・ゼロだ。イルカは毎年二万二〇〇〇頭が日本で殺されている。太地では二〇〇〇頭程度だが、生きているイルカ貿易では太地が中心。だから太地は重要。ここでストップできれば、世界中で止められる。太地が鍵を握っている」

という。

どうやら、イルカ漁に関しては太地町が最大のターゲットとなっているようだ。私は次の質問に移った。

「あなたは以前、イルカは特別な存在だ、牛や豚と同じではない、といったことがあるが」

「イルカは牛などに比べて人間に近い。われわれと同じような複雑な頭脳と形態を持っている。彼らは文化的な共同体を持ち、自身の言葉や歴史を持っているから人間に近い。他の家畜とは違う。彼らは尊敬され、守られなければならない。腹が減ったから食べていいというものではない。彼らは、われわれの知らないことを知っている。彼らから学ばねばならない。彼らは、地球を破壊せずに生存することを知っている。人間は環境を破壊した。彼らはそうではない。だから、われわれは彼らから環境を保存し、平和を保つ方法を学ばねばならない」

さらに、「他の星から宇宙人が地球に現れたら、彼らを殺さないで、彼らと話し合うだろう。それと同じようにイルカと話さねば」という。私は、あまりの発想にあきれた。「そこまでいうか」と思った。そして、しらっと尋ねた。

「スコット、君は、イルカの先祖を知っているか」

ウエスト氏は、首をひねった。

「カバだよ。イルカの祖先はただのカバだよ。カバ類が水のなかに棲むようになり、進化しただけだ」

すると、ウエスト氏は「われわれの祖先はサルやゴリラだ。イルカはわれわれよりスマートだ。われわれはいまだ陸にいる」と返してきた。

これでは話にならない。次の質問をぶつけてみた。

「インド人は、牛を神のように崇めているが、日本やアメリカに来て『牛を食べるな』なんていわない。礼儀正しいと思わないか」

すると、こう答える。

「彼らは来ていいと思うよ」

「インド人が来ないのは、異文化だと知っているからじゃないか。異文化に口をはさむべきではないことを知っているからだ」

すると、ウエスト氏は、さらにこう続けた。

「彼らがもし強くそう感じるのだったら、来るべきだ」

「彼らは決して来ないよ。礼儀正しいから」

「強く感じるのだったら、彼らは来るべきだし、自分たちの思想を防御すべきだ。思いが足りないんだ」

私は、静かな口調で次のように語った。

「日本では一〇〇年前まで、獣の肉を食べなかった。でも、アメリカに行き、『肉を食べるな』とはいわなかった」

すると、人を食ったような答えが返って来た。

「そうすれば歓迎したのに」

……あきれてものがいえない。これでは、キリスト教とイスラム教の戦いと同じだ。十字軍遠征も、九・一一もこうやって起こったのだと思った。

なぜ白人はイルカに敬意を示すか

ウエスト氏は続ける。

「野生は、どこにも所属していない。食べるために野生動物を殺すべきではない」

「ウサギやカンガルーもか？」

「それについては他の機会にしよう。今は、イルカとクジラだ。彼らは、他の動物とは違う。われわれは腹が減ったからといって、ニュージーランドへ行って、ニュージーランド人を食べてはいけない。われわれは他の人間を食べるべきではない。イルカも食べてはだめだ。彼らは鶏や牛とは違って、人間のようだ」

「動物学者は、そうはいわないだろう」

「いう人はいるよ。本を読んでみな」

「どんな本だ。だれがそんなことをいっているんだ」

「なんとかホワイトっていうのが一人いるよ。名前をはっきり覚えていないし、まだ生きてるかは知らないが……」

私も、一冊そんな類《たぐい》の本を読んだことはある。アメリカの自然保護団体、「プロジェクト・ヨナ」の代表者ジョアン・マッキンタイアーの書いた『クジラの心』という本だ。そのなかで、著者は「クジラ類の脳はその皮質（思考に使うところである）面積において人間の脳をはるかに超えているし、またその神経組織の複雑さという点では人間の脳と同等であろう」と書いている。

そのことを話すと、彼はわが意を得たりといわんばかりに、

「その本は正しい。日本は今は教育が行き届いているから、何が悪いかわかるだろう。イルカは人間のようだ。よく見てみろ。今、信じなければ、事実はわからないよ」

しかし、なぜ彼らはイルカに敬意を示すのだろうか――。私は、アメリカから来ていた反捕鯨活動家で、女性レーサーとして有名なレイラニ・ムンターさんに訊いたことがある。彼女は、カリフォルニア大学で生物学の勉強をしているとき、大学で教わったという。イルカは賢く、複雑な社会を作り、複雑な言語を持っていると習った。世界中で人間を助けた話も

たくさん残っているという。

人間を助けたという話なら、なにもイルカでなくとも、犬や馬などにもたくさんありそうなものだ。おそらく、日本の大学では、そんなことは教えていないとは思うが、もし、それが本当なら、恐ろしいことだと思った。

イルカの賢さを信じて疑わなくなった背景には、例のリチャード・オバリー氏が若かりしころ活躍したテレビドラマ『フリッパー』の主題歌に、イルカは人間より賢いという意味の歌詞があるという。もし、それが本当なら、凄い洗脳となったに違いないと思う。

私は、インタビューを続けた。

「イルカの知能は、三歳児ぐらいというのを聞いたことがあるが」

「それは間違っている。そういう科学者は、人々の求めに応じているだけだ」

「でも、学者たちの最終結論は出ていないだろう。君たちが勝手に信じているだけだろ」

「そう。われわれは信じている」

ここ熊野にもかつて、それに近い信仰があった。日本の宗教文化史を研究する滋賀県立安《あ》土城《づちじょう》考古博物館学芸員の山下立《やましたりつ》さんが講演で話していたのだが、かつてこの辺には、蝶の幼虫やサナギを信仰していた人たちがいたという。何の変哲もない醜《みにく》い幼虫やサナギが、想像を絶する美しい羽を持つ蝶に変身するところに、神の存在を感じたのがその理由だろうということだった。イルカ信仰はその話を思い出させる。

畠尻湾に勢ぞろいしたシー・シェパードのメンバー

クジラもイルカもかなり神秘的だ。クジラはあんなに大きいし、イルカはかわいい顔をしているうえに、犬のようになついてくる。そんな動物が水のなかという異次元にいるものだから、神秘感はますます高まる。
人間は、神秘的なもの、神々《こうごう》しいものには入り込みやすい。そう考えては、彼らに失礼だろうか。

「君たちのイルカに対する思いは、インド人が牛を神聖なものだと思っているのと似たようなことだと思うのだが」

「牛は、イルカのように自由に海を泳がない」

「今は飼育しているが、以前は野生だっただろう」

「でも、牛はイルカとは違うんだ。そこはポイントではない」

そこをポイントといってきたのは、そっちではないかと思うが、どうせまた、ああいえば、こういうに決まっている。しかし、続けるしかない。

「われわれ日本人は、インド人が牛を崇拝するのは気にしない。認めている。同じように、あなた方のようにイルカを信じようが、そのことを気にはしない」

「気にしない？　ＯＫ」

「そう、世界にはいろいろな考え方があるからね」

「ＯＫ。でもね。他の世界が気にするんだ。世界は日本を見ている」

「世界じゃないだろう。白人社会だけではないか？　キリスト教社会かもしれないが」

「私はキリスト教徒ではない」

「でも、イルカ神話の影響は聖書から来ているのでは？」

「私は知らない。聖書がいっているのは、男だけが人間で、あとは人間ではないと。その考えには私は賛成できないけどね。イルカに対する考えが聖書から来たとは思えない。この考えは科学者から来ている」

また、そこへ戻るか。

「まだ、科学では解明できていない。まだ途中だ」

「でも、聖書ではない」

「わかった。聖書ではないかもしれないが、一部の人はそういっているということがある。

またキリスト教の影響やアングロサクソンの影響だともいわれている」

「アングロサクソンの影響はあるかもしれないが、キリスト教ではない」

「アングロサクソンは、いつも世界中で差別をしている」

「それは知っている。でも、この問題は差別とは関係ない」

「でも、一部の日本人は差別だと思っているよ」

「シー・シェパードは、そういう風には考えていない」

「われわれが日本人を殺したら」

会話は平行線をたどるばかり。ここから二人は、第二次世界大戦に参加したそれぞれの父親へと話が及んだ。お互いの父親はかつて敵同士だったことを認識した。

「しかし、どうして君たちは太地町の人たちを静かに見守ってやれないんだ。五年前までここは平和で静かだった。だれも来なくて」

私は、幾分話し疲れていたが、そういうと、即座にこう返してきた。

「クジラとイルカの問題以外はな。でも、今が学ぶときなんだ。人々は学ぶべきなんだ」

「だれが、そのときを決めたんだ」

「そうなんだからしょうがないじゃないか」

「君たちは、それを宗教のように信じている」

「どうしてかはわからないが、今がそのときなんだ」

「科学者たちは同意していないだろう。いくらかは君たちの意見に賛成している学者がいるかもしれないが、全員一致ではないはずだ」

「覚えているかい。リンゴが落ちるのを見て引力を発見したニュートンだが、周囲は最初、信じていなかった。地球は平坦だと思っていた。それと同じだよ」

「その話は知っているが、そんなことはいくらでもある。どうして、科学者の研究調査の結果を待たないんだ」

「もう結果は出ている」

「たったの二〇〇〇頭、太地で捕ってるだけではないか？」

「二万二〇〇〇頭だ（日本全体で）」

「それでも地球全体から見れば、少ないよ」

「ノーノー、もしわれわれが日本人を殺したとしたらどうだ。もし、アメリカ人二万二〇〇〇人だったら、イギリス人ならどうだ。それと同じことだ」

「われわれはそう信じない。イルカが人間と同じだなんて信じない」

「私は信じる。なぜ私がここにいるか考えてみろ」

それは、そちらが勝手にやってるだけの話だと思うが、その言葉はこらえた。

スコット・ウエスト氏

「しかし、他の人々は君たちの行動を理解できないと思うよ」

「他の人たちは、地球が丸くなく、平坦だと思っているだけだよ。本当のことを学ばなければならない」

「漁師たちは、君たちがイルカが人間と同じぐらい頭がいいと信じていることを知っている。だから、あなた方と話し合う必要がないと思っている。まったく異なる考え方を持った人間だから、話し合っても理解できないからだ」

「漁師は、われわれのことを頭がおかしいと思っているのか?」

「頭がおかしいのではない。異なる宗教を信じているようなものだということ。キリスト教徒が、モスレムを理解できないのと同じだよ」

「知ってるか。昔、教会は、地動説を信じなかった。しかし、最終的には地動説を受け入れた。それと同じ。今や、漁師たちもそれを受け入れるときが来たってことだよ」

「百歩譲って、イルカが人間と同じぐらいの能力を持っている可能性はあるかもしれない。しかし、それは可能性であって、結果が出るのを待つべきだ」
「いや、待てない。明日、漁師たちはあのイルカたちを殺すんだぞ」
「われわれはすでに二〇〇〇年、三〇〇〇年も待ったではないか」
「十分の長さだ。もう十分待った。長すぎた」

……われわれの話は際限なく続くのであった。

いさな会の漁師のつぶやき

私は、ついにクジラ漁をするいさな会のメンバーにインタビューする機会を得た。前にも書いたが、彼らと話すのは容易なことではない。

私は、太地町の漁業協同組合に何度も通った。それは一年間続いた。自分の書いた記事なども送り、自分の考えを示した。その思いがやっと通じたのだった。

インタビューに応じてくれたのは、脊古《せこ》輝人《てると》さん、六六歳。脊古の名は、もともと江戸時代の追い込み漁で使う勢子船の「勢子」の意味。脊古さんの祖先は勢子船の銛師だったのだ。

太地町では、名前から、祖先が何をやっていたかわかる人が多い。「遠見」だと、クジラを探す役目だったとわかるし、「網」がつく名前の人は、網のある家だったとわかる。名前一つとっても、伝統を垣間見る《かいまみ》ことができる。

春古さんは、生粋《きっすい》の太地人である。顔は漁師らしく日に焼けて浅黒い。筋肉質だが優しい目を持つ。アメリカに住んでいたせいか、鷹揚《おうよう》な雰囲気を持っている。

春古さんが生まれたのは、終戦の前年の一九四四年九月。物心ついたころは、終戦直後で、食糧難の時代。

「ハングリーで。そりゃ苦しかった」と春古さんは思い出す。「でも、太地町全部が苦しいなかだったたから、そんなに不幸な気はしなかった。今の時代のように、片方が大金持ちで、一方が貧乏のどん底だったら、やりきれなかったでしょうね」と笑って話す。着るものも履くものも、みな同じようなボロを身につけていた。遊び仲間はたくさんいたので寂しくはなかった。みんな半分は身内のようだった。

ただ、甘いものに飢えていた。こっそり砂糖をなめたこともある。小学校に入って、初めて小遣いの五円玉がもらえるようになると、それで大きなあめ玉一個を買って、ほおばった。それを買うのが楽しみだった。

その当時の食事は、漁師町だから、昆布や魚ばかり。もちろんイルカもゴンドウも食っていた。父親も漁師で、「てんとう船」と呼ばれる小さな船に乗って、ゴンドウを突いたりしていた。他の漁師からも、よくお裾分け《すそわ》をもらっていた。当時、タンパク源のほとんどはゴンドウだった。

イルカのすき焼きはごちそうだった。大人になるまで、すき焼きは牛肉ではなく、イルカの料理だと思っていた。

でも、貧乏な生活だったことは間違いない。生活が少しずつよくなるのは、小学校に入ってからだ。そのころ、南氷洋捕鯨が始まり、父もその船に乗った。一回出ると、何ヵ月も帰ってこないので寂しいが、お土産《みやげ》は楽しみだった。見たこともない外国のおもちゃやお菓子を持って帰ってきた。肉もあった。チューインガムを初めて食べたのもそのころだった。

父は町では早くから南氷洋に行ったほうだったので、自分以外は、まだだれもチューインガムを知らなかった。脊古さんは「少し得意な気持ちになった」という。

脊古さんは、「あんな時代がまた来たらいいな」と、ときどき昔を懐かしむともいう。「今は白人社会と一緒で、もう他人は他人という感覚。昔はみな兄弟という感じで、生活が苦しくても助け合っていた」と話す。

南氷洋捕鯨は、最初のころは赤字だった。日本で最初に南氷洋に進出したのは大洋漁業（現・マルハニチロ水産）と日本水産の二社だ。両社とも、戦前からの捕鯨を含めた水産業の会社だが、船は戦争中にほとんど特設艦船として軍に徴用され、全滅に等しい被害を受けていた。しかし、政府としても食糧難をなんとか切り抜けねばならない。大蔵省（現・財務省）が資金を提供し、船を修理したり、ノルウェーの船の払い下げを受けたりして、捕鯨船団をなんとか結成した。

南氷洋捕鯨には、母船の他にタンカー、冷蔵運搬船、探鯨船、それに、実際にクジラを仕留めるキャッチャーボートが一〇隻は必要になる。しかし、応急修理の船はよく壊れ、ノルウェーの払い下げ船は不慣れでもあり、そんなには捕れなかった。当時、漁獲高ナンバーワンはノルウェーの船団。続いてイギリスや旧ソ連の船団の腕がよかった。日本の技術は遅れをとっていたのだ。

日本の農業は、終戦の年は凶作だった。敗戦で肥料の供給不足や労働力不足が生じ、生産が上がらない。漁業も船や油が不足し、漁ができない状態。大蔵大臣が新聞紙上で「餓死者一〇〇〇万人の可能性あり」と訴えるほどだった。ＧＨＱ（連合国軍最高司令官総司令部）も、アメリカから小麦の供給はしてくれたが、タンパク源や脂肪源までは手が回らない。ＧＨＱ最高司令官ダグラス・マッカーサーは、「クジラを捕って飢えをしのぐように」といって許可したのだった。

脊古輝人氏

そのころ、クジラ漁は、愛知県や宮城県、北海道の網走《あばしり》などで、突きん棒漁で細々とやっていたに過ぎなかったが、前述のような理由で、日本は捕鯨に力を入れ始めた。最初は、終戦で使われなくなった軍の船を使って小笠原諸島近辺で始めたが、敗戦国である日本は、連合国に海軍艦艇をすべて引き渡さねばならなくなり、小笠原捕鯨はすぐに中止となった。次に、小笠原よりもっと成果の見込める南氷洋に目が向いたのであった。

九〇パーセントの命中率

脊古さんの父親は大洋漁業の船に乗っていたが、脊古さんが中学生になってからは、目に見えて生活が改善されていった。

南氷洋の捕鯨に遅れて参入した日本ではあったが、全員参加型経営の強みを発揮して急速に捕獲量を伸ばし、やがて世界一の座につく。

当時は、捕獲頭数の制限は国別ではなく、全体の頭数で行われていたので、その制限の枠内で各国船団が一頭でも多く捕ることを競っていた。各船団が、毎週捕獲したクジラの頭数を、ノルウェーの国際捕鯨統計局に報告する「オリンピック方式」というやり方を実施していた。

「日本がナンバーワンになったころは、太地町出身者が五〇〇人ぐらいもいた。南氷洋捕鯨全体でも三〇〇〇人もいないころです。それが太地の誇りだった」と脊古さんは話す。だから、町には、周辺の市町村がうらやましがるような税収があった。そのころの備蓄がまだあるから、町は周辺との合併をしないのだともいわれている。

南氷洋に太地の人がたくさん行ったのは自然の流れだった。あのころは仕事がなかったので、一人行くと、兄弟、親戚まで全部呼んだ。だから、どんどん増えていった。捕鯨船には一隻二五人ぐらいは乗るが、約三分の一は太地の人。だから、クジラ、南氷洋の話だったら太地を抜きには語れなくなっていた。

太地の人は、捕鯨に関しては腕がよかったことも、増えた理由だ。しかし、戦後と昔ではまったく漁のやり方が違う。それでも、なぜ太地の人が上手なのか。その疑問をぶつけると、「それが不思議なんやけど、血なのか、親の話を自然に聞いてるからそうなのか、よくわからんが、そういわれる」という。

現在の捕鯨では、捕鯨砲を撃つ人が一番重要だ。その重要な役割には、「正砲士」と見習いのコースの「二番」というのがある。正砲士が撃って、まだクジラが生きていれば、二番がとどめを刺す。そうやって二番は、捕鯨砲を撃つときの感触から、引き金を引く瞬間のタイミング、銛の飛び具合などを徐々に体で覚えながら、正砲士になっていく。それには何年もかかるわけだが、太地の人はすぐに覚えて、二年程度でできてしまう。命中率は、一番高い人で八〇パーセントから九〇パーセントだという。

「クジラを撃つ瞬間っていうのは、言葉で言い表せるもんじゃない。まあ、ほとんどは勘です。波があって、生き物だから、それもずっと浮いとるわけにはいかないからね。すぐに潜っていくからね。その瞬間にぼっと撃つ。だから、僕も何年も乗っとるけど、あの瞬間っていうのは、やはり何年も経験して、体で覚えないとできない。それを太地の人は割合簡単にやってのけるんだな」と脊古さん。

脊古さんの父は、南氷洋の捕鯨船に乗っていたが、その後、友人とブラジルのサンパウロを基地にした北氷洋水産株式会社を作り、新たな捕鯨を始めた。しかし、採算が合わなくて三年で倒産した。それで、太地に戻り、昔の突きん棒漁を専門にやるようになった。

南氷洋捕鯨といっても、漁期は一〇月から翌年三月までの半年間。その漁期以外は、太地町に戻り、熊野灘での漁に出た。そんなとき、脊古さんも無理矢理連れていかれた。それは小学生のときからだった。太地町では、子供でも労働力として使われたのだ。小学生でもロープを引っ張る仕事や網や船の手入れなどいろいろな作業がある。中学生になったらクジラを突くことも始める。脊古さんは高校生のときには、一人前に突いていた。

「一頭突いては船に上げて、そこで殺しながら、次へ次へ追いかけるんやからね。ゴンドウでもイルカでも逃げるけど、すぐに追いかけて、で、また突いてっていうぐあいに、忙しいですよ」と話す。

サンフランシスコ湾でウニを採る

脊古さんは、中学校を卒業すると、水産高校に進学した。そこの高校三年間のあとに、専攻科に進んだ。航海士になろうと思っていたからだ。航海士になるためには国家試験がある。船で沖に出て、船の操作などを習う。脊古さんは三年通い、卒業間際に名古屋へ国家試験を受けに行った。ところがすべってしまった。

ちょうど同じころ、「アメリカに行かないか。行く気があったらすぐ世話してやるから」という誘いがかかった。父親と一緒に捕鯨をやっていた知人からの誘いだった。

聞けば、アメリカのサンフランシスコ湾で、ウニが大量繁殖して、海藻を全部喰い荒らし、いわゆる「磯焼け」しているという。向こうの人はウニを食べない。化学薬品を使うと、湾内の生物を全滅させかねない。だから、これを採って、ウニを食べる習慣のある日本人に売るしかないというので、日本から技術を持った人を求めていた。

雇い主である鹿児島県出身の日本人社長は「三人ほど欲しい」という。それで、オーストラリアのブルームで真珠採りの経験のある兄と従兄弟の三人でアメリカに行くことになった。

心配する父親には、「三年たったら帰ってくるから」といって安心させた。

技術といっても、要は潜ることだった。それも素潜り。

サンフランシスコ湾に入ってくるのは寒流。摂氏一二度から高いときで一四度にしかならない冷たい海だ。スーツを着ていても三〇分も入れば、頭がじんじんした。

それでも、やるしかない。三人で目いっぱいやるが、それで採算が合っているとは思えない。どうしたものか心配になったが、そのうち雇い主の目的はウニではなく、子持ち昆布なのだとわかった。ウニ採りは永住権を取るための名目に過ぎなかった。ニシンや昆布を採るのでは永住権取得ができなかったのだ。

サンフランシスコの港のなかに、年に一度、冬に大量のニシンが入ってくる。それが昆布の上に産卵する。すると、昆布が数の子に覆われて真っ白になる。いわゆる、自然界が作る数の子昆布だ。それが世界で一番いい昆布だという評判になって、よく売れた。

「僕らは行くまで知らなかったんだけど。それが目当てだったんだと、だんだんわかってきたのよ」と思い出す。

その漁は、次のようなものだった。

サンフランシスコのゴールデンゲートブリッジを渡ったところに、金持ちが住む地区がある。そこに一二月のクリスマスの日に、社長に連れていかれた。「カモメがいっぱい飛んでくるから、それをウオッチしてくれ。それが来るまでは、ウニを採っていて欲しい」という。

ある日、ギャーギャーというカモメの鳴き声で目が覚めた。窓を開けると、港はカモメでいっぱいになっていた。すぐに電話で社長に知らせた。

社長は、日本人の学生をたくさん集めてきて、大きなトラックで、子持ち昆布を入れるためのゴミ用の缶を何百と買ってきた。

アメリカの昆布は分厚い。そこに昆布の色が見えないほどびっしりと卵が付着している。周辺の海も卵で真っ白。スポンジのようで、岩の上でひっくり返ってもけがをしないほどだ。水中メガネをかけても、卵で前が見えなくなる。子持ち昆布を大急ぎで袋に入れる。缶に詰める。そして、車庫に運ぶ。それを貿易会社を通じてどんどん送った。会社は、何千万ドルも儲けたようだった。

ところが、その行為は地元の人たちの怒りを買った。『ロサンゼルスタイムズ』に「許し難い子持ち昆布漁」と、トップニュースとして掲載された。

「そんなことをしたら、来年からニシンが入ってこない」というのである。大論争になり、野次馬が漁場そばの公園に車をつけて、大勢押し寄せた。脊古さんは、アメリカの事情がよくわからなかったが、社長は「気にしなくていい」の一点張りだった。

一年で終わるかと思ったら、翌年も子持ち昆布漁は続いた。サンフランシスコの港は海軍基地だから、とてつもなく大きい。脊古さんたちが採ったところで、ほとんど影響がないようだった。

余談だが、第二次世界大戦の前は、日本人がそこでニシン漁をしていた。缶詰工場もあり、そこで働く太地町出身の女性たちも多かった。それほど、ニシン漁の盛んな地だったのだ。

中国人に会社を乗っ取られて

脊古さんは徐々にアメリカの生活にも慣れてきていた。三年目の子持ち昆布漁の季節が近づいてきた。しかし、脊古さんに三度目の漁は巡ってこなかった。その日本人の会社は、現地の中国人に乗っ取られてしまったのだ。

やむなく脊古さんは、オークランドへ向かうことにした。そこでは、太地町の人たちがクジラ捕りをしているという話を聞いていたので、その人たちを頼ってのことだった。

船のオーナーはイタリア人だったが、砲手は太地の人だった。永住権を持っていることで、社長も安心し、脊古さんはそこで甲板員として働くことになった。

当時、シロナガスクジラ漁は全面禁止だったが、イワシクジラ、ナガスクジラ、マッコウクジラ、コクジラを捕ることができた。三隻で七〇頭の枠を政府からもらっていたが、四〇頭、五〇頭捕るのがやっとだった。

船は南氷洋で使っているのと同じものだった。捕鯨砲などすべての道具は、日本の大洋漁業からの払い下げで買ったもの。砲は九〇ミリ砲だった。脊古さんは、ここで初めて、捕鯨砲を使う捕鯨船に乗った。日本では、突きん棒漁しかやったことがなかった。

その太地出身の砲手の腕は確かだった。「やっぱり、太地の血は凄い。脈々と伝統は引き継がれているのだ」と思った。

仕留めた獲物は舷《ふなばた》につけてオークランドまで運ばれる。クレーンで解体所に下ろされ、そこで解体される。脊古さんの仕事は、そのすべての工程の手伝いだった。

同じ捕鯨だが、日本とは違っていた。日本での捕鯨の主目的は食料としてのクジラ肉だが、ここでは油を取るのが主だった。それは、車やロケットの動力としてだったり、暖房用の燃料として使われたりするもの。生活用品としては石鹸やマーガリンにも加工された。

「肉を捨てるのは、いかにももったいない」と脊古さんは思った。しかし、郷に入《い》っては郷に従うほかなかった。

脊古さんは、そこで二年間働いた。仕事にも慣れ、このままアメリカに定住したいと思った。当時は、市民権を取るには、アメリカに一〇年間在住しなければならなかった。「まあ、それは時間の問題。時間が解決してくれる」と安心していた。

ところが、三年目に入ったとき、アメリカの捕鯨の状況が大きく変わった。国際捕鯨委員会（IWC）が商業捕鯨の一時停止を決議したのだ。一九八二年の、いわゆるモラトリアム宣言だ。それ以後、アメリカも日本も商業捕鯨はできなくなった（日本は、現在まで調査捕鯨を細々と行っている）。モラトリアム宣言を受けて、アメリカ政府はイタリア人社長所有の三隻の許可を買い上げた。こうして、脊古さんを含めた乗組員は路頭に迷うことになる。

「ついてないなあ。アメリカへ来てから解雇ばかりだ」

脊古さんは、途方に暮れた。行く当てはない。そのとき、ロサンゼルスの近郊に多くの太地町出身者がいると聞いたことを思い出した。そこへ行けばなんとかなるかもしれない。脊古さんは、ロサンゼルスに向かった。そこで見つけた仕事は、政府系の会社で、マグロの巻き網漁の手伝いだった。

その仕事も二年で失い、次にやったのが、海とはまったく関係のないガーデナーの仕事だった。いわゆる庭師。それも、太地町出身者の紹介だった。漁の仕事に従事する太地の人も多いが、ロサンゼルスでは、太地町出身者が庭師の仕事についているケースも多々あった。

その仕事は、脊古さんは好きではなかった。アメリカの家には普通、フロントヤード（前庭）とバックヤード（裏庭）の二つがあり、たいていの家に犬が飼われていた。だから、庭師の仕事の第一は、犬のフンの後始末だ。それは、漁をやっていた脊古さんにとっては、屈辱的であった。

「なんで、俺が犬のフンを集めにゃならん」

そう何度も思ったが、もう少しのガマンだ。もうあと三年で市民権がもらえる。それまでは辛抱《しんぼう》しよう。脊古さんは三年がんばった。

「さあ、市民権だ」

そう思っていた。ところが、そのころ、脊古さんは結婚することになる。するつもりはなかったのだが、相手が追いかけてきたのだった。

脊古さんが一時帰国したとき、親戚の世話焼きのおばさんから見合いをさせられた。むげに断れないから、見合いだけはしたが、結婚するつもりはなかった。「アメリカに好きな人がいるから」と嘘をついて断ったつもりだった。それなのに、相手がアメリカまで訪ねてきたのだ。

「びっくりどころの騒ぎやないです。もうめちゃくちゃでした。予定外もいいところです。何か知らんが、もう結婚の手続きが済んでいたようでした」という。脊古さんは、詳細は話さなかったが、田舎の人間関係のなかでは、そういうことがあるのかもしれない。

やがて、子供もできた。庭師の仕事は、相変わらず嫌で嫌でしょうがなかった。漁師出の脊古さんには、どうにも馴染《なじ》めなかった。しかし、家族のことを考えると、やめるわけにはいかない。そうやって七年の月日が流れた。

そんなとき、太地町から弟がロサンゼルスに遊びに来た。弟はすっかり大人になっていた。脊古さんがアメリカに渡ったころはまだ小学生だったのに、すっかり漁師の顔になっている。ビザの期間が三ヵ月だったので弟は、脊古さんの庭師の仕事を手伝ったりしていた。

すると弟が、「こんな仕事もうやめたら？　太地に帰って漁師しようやないか」というのである。弟にそんな風にいわれると、もともと嫌々やっていた脊古さんは、「それもそやね。こんな仕事しよったら、はよ死んでしまうな」とその気になってきた。結局、弟に説得されて帰国したのだ。

弟は父親と一緒に、秋から春にかけて、突きん棒漁でクジラを捕り、夏にはカツオ漁をしていた。

二〇〇〇頭を港に追い込む

脊古さんは日本に帰ってから、弟と一緒に漁に出た。クジラもやったが、カツオもマグロも値がよかった。いい時代だった。弟と二人で二日も沖に出ると、いいときは一〇〇万円、二〇〇万円にもなった。それで新しい大きな船を買い、人の行けない沖まで行って、マグロを捕った。合間に突きん棒漁もやった。二人とも若かったから、よく働いた。

「カツオでも今と同じ値段をしていた」という。ということは、全体的な物価に比べて、今は値が下がったということだ。

鯨類は、イルカとゴンドウなど四、五種類。当時は、政府も鷹揚で、あまり厳しく税金も取られなかった。借金はしたが、家も建てた。

「いい時代だった。日本に帰ってきてよかったと思った」と脊古さんは目を細める。だが、次の瞬間、「今は、最低だな」とつぶやいた。

いい時代は長くは続かなかった。きんちゃく（巻き網漁）がどんどん増えてきて、捕獲量が増えてくると値段が下がっていった。値が下がるから、無理をしてたくさん捕ろうとする。すると、さらに値が下がる。そういう悪循環が続いた。

そのうち、クジラやイルカの追い込み漁も始まった。きっかけは、博物館の生け簀で飼うためだった。

当時、太地町では約七〇〇人が突きん棒漁をやっていた。追い込み漁をやるために、脊古さんたちは、静岡県の富戸《ふと》に視察に行っている。当時は、そこでの追い込み漁は盛んだった。

脊古さんたちは、静岡で「てっか」を習った。それまで、太地町では、追い込むとき船縁《ふなべり》をたたいて音を出していた。クジラやイルカを混乱させるためだ。ところが、船縁は木材だから効果は薄い。静岡の方法は金属の鐘をカンカンと鳴らすもので「てっか」と呼ばれていた。てっかは、かなり効果的だった。

しかし、追い込み漁を始めたからといって、収入が増えたとはいえなかった。突きん棒漁だと一頭ずつだが、追い込み漁だと一度に一〇〇頭も捕れてしまう。それで、値崩れしてしまうのだ。

「追い込み漁が始まっても、最初はだめだった。儲けたのは仲買だけ。いつもは一〇〇〇円で買うところを、五〇円、一〇〇円で買えるんだから。それを都会へ持っていって、一〇〇〇円、二〇〇〇円で売るんだから。彼らの車は、すぐにベンツになりました。それにひきかえ、僕らはアホみたいやった」と語る。

量が少なくて価値のあるものだったら値が上がるが、かといっていくら貴重なものでも、いっぺんに捕ってしまうと値が下がる。漁は、博打《ばくち》のようなところがあった。

今でも語りぐさになっているが、二〇〇〇頭も太地港に追い込んだことがあったという。網にからまって、翌日、大量のイルカの死骸が出た。値もがた落ちだったという。

外国人の「やめろ」は本音か

「いろいろと山あり谷ありで、でもあんまりついてなかったね、俺の人生」と脊古さんはため息をつく。

「でも、日本に帰ってきてからは、家を建てたりしていい時期だったじゃないですか。いつごろから悪くなったんですか?」と問うと、「景気悪くなってから大分たつね。全体的にマグロがはじけて、ちょっとしてからと思ったけどね。クジラの値段は、IWCで南氷洋の商業捕鯨が禁止になってから、ここ(沿岸)のクジラが値段がよかった時代もありましたけどね。でも、ちょっとの間だったですね」と話す。

「反捕鯨の連中が来るようになって、それでまた悪くなったようなことはありますか?」

私がこう尋ねると、くやしそうに、こう答えた。

「ありますよ。ありますというよりも、今までだったら、値が下がっても、数でこなす、そういう方法でやってたけど、シー・シェパードが阻止するから、もう数も捕れないし」

「反捕鯨の連中は何年前から?」

「一〇年ぐらいやないかな、彼らが来だしてから。毎年毎年ね。水産庁も警察も、正式な許可を持ってやってるんだから、胸を張ってやりなさいといってくれるけど、やっぱり、関係ない場所撮られるなとか、血を流すところ撮られるなとか、いろいろいってきますよね。それに、ガードマンを雇ったり、照明をつけたり、監視カメラをつけたり、仕事は増えるし、お金がいることばっかりで……」

「反捕鯨の連中に翻弄《ほんろう》されている感じですか？」

私はこう、質問を続けた。

「そうです。ごたごたを起こすなというのが水産庁の口癖です。血を流して殺すところなんか撮られたら、世界からすぐに水産庁へ抗議が来る。それが嫌なんですよ。こんなに抗議文が来るとかね。極力避けなさいという指示なんですよ。外国人は、必ず太地の捕鯨を阻止しに来るのがわかってるんだから、イミグレ（入国管理局）で止めてくれないんですかね」

と恨めしそうに私のほうを見る。私は「まあ、省が違いますからね」と答えるしかない。

「けど、日本の国民に迷惑かけるのわかっていてもへっちゃらで入れる。だから、日本なんか、アルカイダだってすぐに入れると思うよ。アメリカなんか凄いですよ。僕ら、アメリカに行ったときに、文書があって、アメリカの国民に迷惑をかけないこと、それで、アメリカに滞在するときは、必ずパスポートを所持しなさいとか、そんな誓約書にサインして入りました。日本の国民に迷惑をかける行為をなぜ阻止できないんですかねえ」

と困った表情だ。私は、質問の方向を変えた。

「将来どうなると思います？」

「将来ねえ。日本は豊かな国になり、クジラに代わる牛肉や豚肉なんか、どこででも手に入る時代だから、どんどんすたれてしまうんではないか。太地では学校給食なんかでも、クジラはこんなにうまいもんだということをアピールしてる。それは一つの方法だと思うんだけど、それでは追いつかないんじゃないかと心配で……」

と、やはり沈みがちになる。

「外国人たちはクジラ漁をやめろといってるが、ここでは、それに代わる仕事はないわけでしょ？」

私の問いに、意外な答えが返ってきた。

「彼らの『やめろ』っていうのは本音じゃないんですよ。本当にやめたら、彼らは食っていけなくなるでしょ」

そうかもしれないが、私の現場での実感は違っている。それをぶつけてみた。

「上層部のほうはそうかもしれないけど。現場に来ている連中は、結構本気でやっていますよ。本気で阻止しようとして、イルカが死んだからと涙ぐんだり、瞑想《めいそう》するやつがいたりするんですよ」

「そうかな、ちょっと信じがたいけど」

「ここに来ている連中は、わりにお金じゃないね。本当に、イルカとクジラは人間と同じぐらいの能力はあると思っているし、人間を殺すのと同じだという言い方をする。少なくとも今来ている連中はみなそういってるな。アメリカでは、そんな感じはなかったですか？」

「いや、白人とそんな話をする機会ってのはなかったですからね。ただ、きんちゃくの船に乗ったとき、メキシコ人や黒人だとか、白人以外はたくさんいたからね。そんな連中は、給料さえもろたらええいう感覚やった。でも、新聞で見たんだけど、日本の学生がたまたまボートをレントして、島に遊びにいった帰りにイルカを突いて、抱いてロスの町に入ってきたことがあった。で、白人なんかびっくりしたらしいです。彼は知らずに、日本の感覚でやったんでしょうが、親が呼ばれ、強制送還されました」

そういってから、脊古さんは、意外なことをいった。「僕もね、日本に帰ってきたときには、イルカを殺すのは抵抗がありましたね」と。その理由はこうだ。

「一四年もアメリカにいて、自分が殺すということがなかったからね。それが、太地に来てから商売になった」

「今は、その感覚はなくなったんですか？」

「今はもうないですね。今は、ＩＷＣや保護団体やシー・シェパードがどんなことというても、何が何でも守るんだと思っています。この職業を子供や孫に伝えるという、そういう意志のもとでやってるから」

こう、きっぱりという。

『ザ・コーヴ』でゆがめられた事実

私は、別の機会に若い漁師とも話したことがあるが、彼は「殺すとき、躊躇《ちゅうちょ》したら危険。そんなんしたら、自分もけがしたりするさかい。はたいたり、はたかれたり、向こうも必死やさかいな」と話していた。生きることは大変で、センチメンタリズムが入る余地がない。

反捕鯨の外国人や、『ザ・コーヴ』を見た日本人が、センチメンタリズムで「どうしてイルカ殺しをやめて観光で売り出さないのか」という疑問を発するが、それは簡単ではない。

確かに太地町の海は美しい。外国人が気に入るのはよくわかる。しかし、ここ熊野地方は、大都市から遠い「陸の孤島」だ。大阪や名古屋から四時間、東京からは六時間以上かかる。欧米のように一ヵ月も夏休みがあれば、ここへ来ることも可能だろうが、日本のように、せいぜい一週間しかない休暇では、こんな遠くへ来るのは大変だし、交通費もかかる。観光地としては交通の便が悪すぎるのだ。

脊古さんにインタビューして思ったのは、漁師たちは、『ザ・コーヴ』でいわれているようなマフィアでもなければ、大儲けをしているわけでもないということであり、きわめて普通の純朴な人たちなのだ。生きることの大変さもよくわかる。家族を養わねばならないし、自分の夢も持っている。プライドもある。

映画『ザ・コーヴ』では、事実があまりにもゆがめられて伝えられている——。

第四章　科学が覆す白人の常識

カナダは絶滅危惧種のイッカクを

イルカ漁の問題を報道するのは難しい。これまでの報道を見ても、漁師たちと反捕鯨団体の両者は平等に扱われていない。当事者である漁師たちの意見がほとんど出ていないからだ。前述のように、漁師たちには、組合から箝口令《かんこうれい》が敷かれている。しゃべればしゃべるほど映画の宣伝になるし、騒ぎが大きくなればなるほど、反捕鯨団体を喜ばせるからだ。反捕鯨団体は、言論の自由、対話を盾《たて》に圧力をかけてくる。なにしろ資金は豊富だ。最近では、太地町だけでなく、周辺のイルカ運送業者や水産庁、果てはアメリカ大統領にまで抗議文を出しているそうだ。

このままでは、水産庁も音を上げるのではないかと心配になった。少数のイルカ業者のために、日本全体のイメージを落とし、貿易にも影響を与えかねないと、漁を禁止する方向に進むかもしれない。固有の文化はこうして消えるのかと、暗い未来を予想していた。

その鍵を握る水産庁を訪ねようと思った。これまで、太地町ばかりを見ていた。もっと視野を広げる必要があるし、もっと客観的に見る必要があると思った。それには水産業の本丸であり、イルカ漁をどうするのかを左右する水産庁に当たってみようと思った。

水産庁の担当者は、資源管理部遠洋課捕鯨班担当の高屋《たかや》繁樹《しげき》さん。電話でアポを取ろうとすると、「ああ、中日の吉岡さんですか」とすでに私の新聞記事を読んで知っているようだった。アポはすぐに取れた。

東京・霞が関の農林水産省のなかにある水産庁。小津安二郎《おづやすじろう》の映画にでも出てきそうな古い建物だった。六畳ほどの小さな部屋で、一通りのあいさつを済ませたあと、高屋さんと向かい合った。

高屋さんは若く見える。三〇代かと思ったが、四〇代だという。今のポジションの前は、南太平洋のフィジー諸島の日本大使館に出向していたという。

私は、「イルカについて勉強したいので、レクチャーして欲しい」と申し込んであったので、高屋さんは、基礎から説明を始めた。

「イルカ、クジラを食べる文化っていうのは、決して特異性のあるものではなく、世界的にも多いです。有名どころではアメリカ、ロシア、ニュージーランド、フィリピン、インドネシア、アイスランドなど。カナダなんか絶滅危惧種のイッカクまで食べている。オーストラリアでは、クジラではないが、ジュゴンを食べています。私の前赴任地のフィジーの周辺のトンガ、キリバスなどでは昔からイルカを食べています」

日本でも、全国とまではいかないが、沖縄まで含めて、多くの地でイルカ・クジラ漁をやっている。水産庁の仕事は、漁業の振興のためにあらゆる相談に乗り、指導することだという。

「たとえば、漁師さんからこういうのを捕りたいというオーダーが出ますと、捕っているその鯨種ごとの資源量を目視調査、サンプル調査、そして試験・研究をして、どれぐらい捕って大丈夫かをトータルに出す。その結果を、県に配分するのです」と説明する。

しかし、この広い海で、数が本当にわかるのだろうか。

「わかります。逆にいうと、わかったやつしか許可を出していません。水産総合研究センターで科学調査をやってもらって、資源量を出すわけです」

「資源量ってわかるものなのですね」

「資源量を確実に知るのは難しいのですが、これ以上はいるというのはわかります。このぐらいは捕っても大丈夫というのは、水産資源学の基本的な考え方です。放っておくと持続的に利用できるレベルとそうでないレベルがある。

たとえば、水槽のなかに一〇〇〇匹の金魚が入っていて、一〇〇〇匹以上は増えないとする。このなかから一匹だけ間引きすると、間違いなく子供が生まれて、放っておくと元に戻る。間引きする量を増やしていくと、ある線を超えると乱獲の状態になる。そのラインがMSY（マキシマム・サステイナブル・イールド）、最大持続生産量。そのライン以下でやっていると、資源は減らないで持続的に捕れるわけです」

納得のいく説明だった。案外、科学的にやっているのだ。私は、次の質問に移った。

映画のなかでクビとされた官僚は

映画『ザ・コーヴ』が上映されてから、どんな形で反響があるのか訊いてみた。

「いろんな団体がいろんな形で抗議をしてきます。直接水産庁に電話をかけてくる方もいるし、シー・シェパードなんかは、南氷洋に関しては実力行使ですし、もともと太地のイルカも、シー・シェパードが以前、太地の網を切ったところから始まっています。問答無用の実力行使の方もいれば、中道派の方もいます。私たちも別に対話を拒むつもりはありませんから。ファックスやメールで、応援も非難も来ます」という。

「どちらが、多いんですか？」

「今の時期だと反捕鯨だとか反イルカ漁とか。何か事件が起きると、擁護側のものが増えますね。映画が盛り上がり始めたころから抗議も応援も強烈に増えてきて。どちらかといえば、抗議が多い。応援する方は、わざわざいってきませんから」

「映画の影響はかなりあるようですが、映画が日本人を反捕鯨のほうに向かわせたのでしょうか？」

「そうは思いません。どちらかといえば逆ですね。日本の文化、日本人への人権侵害だと捉えられている方のほうが多いような気がします」

それは、映画が話題になった割りにはヒットしなかったことからもいえる。大都市以外の上映館ではあまり観客が入っていない。だから、この問題に関しては、日本人は冷静に判断しているという意見があった。

しかし、私は、その理由は、冷静な判断というよりも、当時、南氷洋で日本の捕鯨船がシー・シェパードの船に衝突されたり、シー・シェパードの船長が逮捕されたというニュースが流れた影響だと思っている。あれで、日本人は反捕鯨団体に対して嫌悪感を募《つの》らせたようだ。あの事件がなかったなら、もっと映画はヒットしただろうし、日本人のなかにイルカ漁に反対する人が増えた気がする。

高屋さんは当然、映画『ザ・コーヴ』を見ていた。それもあらゆるバージョンを見たという。映画に対して、高屋さんは、

「イルカ漁の問題を本当に扱うのであれば、バックグラウンドをもっと勉強して欲しい。漁獲量とかいろんなことを考えれば、別に太地町に行く必要なんかまったくない」

という。

つまり、イルカの漁獲量は、日本全国では約二万頭。そのうち太地町では一割強の二三〇〇頭ほどでしかない。最も多いのは岩手県で、一万四〇〇〇頭も捕っているのだ。だからといって、食べる量が一番多いのが岩手県というわけでもない。岩手県産のものは、よく九州や静岡などに売られるという。太地町が舞台に選ばれる必然性はないというのだ。

「太地が舞台に選ばれたのは、やっぱり目立つからでしょうね。太地は捕鯨自体を文化としてしっかりアピールしている町だから攻撃しやすい。レスポンスが返ってくるということでしょうね」と分析する。

さらにつけ加えるとすれば、太地町は映画として絵になる。岩手県は、突きん棒での漁だから、絵に迫力がないし、場所が沖合なので、撮影しにくい。太地町の追い込み漁と、それに続く大量捕殺は迫力があるのだ。

私は、水産庁から見て、映画の間違っている点を指摘してもらった。

「私の前任の諸貫《もろぬき》（秀樹《ひでき》）が、映画のなかで『水銀中毒だ』『クビになった』とされている。彼は水銀中毒でもなければ、解雇されてもいません。嘘を世界中に撒き散らされて、彼にも子供がいるのに、『おまえのお父さん、水銀中毒問題でクビだって』といわれるのはどうかなと、人として思います。撮影スタッフは、彼がクビになっていないことは当然知っている。だって、ずっと連絡を取ってるわけですからね」

「なんで、あんな嘘をついたんでしょうね」

「彼は今、ＦＡＯ（国連食糧農業機関）に出向していますけど、ＦＡＯに出向したら、水産庁が秘密を隠すために異動させたんだといわれています。いいたい放題いわれています。ＦＡＯに左遷《させん》なんて聞いたことがない」

「嘘が多い映画ですよね。他にどんな？」

「水銀の話もそうですし、二〇〇〇ｐｐｍって凄《すさ》まじい数字が出てきますよね。イルカの肉の水銀量ってちゃんと公表してますけどね。あと、イルカをクジラと嘘をついてるとか。

ちなみに、イルカとクジラは生物学的に一緒なんで、いろいろ混乱が生じることもありますが、少なくとも今は、種類を書けと指導しています。少なくとも、イルカをミンククジラと書いて売れば、実際処罰されます。水産庁が年間三〇〇件前後ですが、スーパーで抜き取り調査をし、DNAを分析しています。目的は、クジラのほうの密漁がないかというのを調べているんです。ミンククジラとかイワシクジラとか書いてあるやつを買ってきて、そのなかからイルカが出てきた例は、二、三年に一件あるかないかです。その程度です」

「嘘か本当かはどうでもいい」

高屋さんの指摘は、まだまだ続く。

「映画のなかでもありましたが、日本全国で食べてないからとか、東京で食べてないから文化ではないという議論ですが、食文化って何かというと、基本的に食の多様性だと思うのです。京料理なんて、京都の地方料理ですけど、これを日本の文化といってはいけないのでしょうか。

アメリカではサーモンが美味《おい》しく、アメリカを代表する食材だと思いますが、あれが捕れるのはアラスカ方面です。そんな一地方の話ですかとなってしまうんで、ちょっと議論の展開に無理があるのではないのかと思います」

それだけ嘘があると、業務妨害とか名誉毀損《めいよきそん》で訴えることができるのではないだろうか。実際に風評で被害も出ているのだから。

「やれるものはやっています。威力業務妨害でどこまでやれるかというところなど、警察、海上保安庁さんのご協力をいただいて話はしています。しかし、威力業務妨害罪の適用って結構大変なんですよ」

「映画そのものが、妨害だっていうことにはならないんですか。表現の自由は守っても、これは妨害だと」

「威力業務妨害とかは事実認定の議論があります。因果関係と、それがどういう妨害だったのかと。報道の自由のところと、吟味《ぎんみ》しないと……」

「無理なのかねえ」

「太地漁協さんのほうも、いろいろ検討されたみたいですね。名誉毀損とかね。実際日本版のほうは、取材された当人の抗議によってカットされましたけど、外国版のＤＶＤはそのままです」

「外国版のほうは野放しでしょ。向こうのほうが反響大きいんですからね」

「でも、だれも外国まで行って、訴訟を起こしませんよ。訴訟費用は本人持ちですから。うちが起こすわけにはいきませんし」

「もし、起こしたら、勝つ見込みは？」

「やれば勝てると思います。当庁職員の諸貫の件も事実無根ですし。漁師さんたちからもずいぶん相談が来ました。名誉毀損で、そのまま刑事告訴できないかと。しかし、名誉毀損は基本的に民訴でやるしかない。刑事訴訟は、針の穴を通すように難しくて。だいたい、犯人が国外犯だったりするから、さらに面倒ですね」

私は、この問題で何度かシンポジウムやパネルディスカッションに参加し、この映画がいかに犯罪的かを主張したが、表現の自由を盾になかなか理解されない。もちろん、私も表現の自由は認めるが、表現するにあたっては、それなりの覚悟と責任を持って欲しい。

もし、太地町の漁師のなかで、映画の影響で廃業する人が出たり、自殺者でも出たら、どう責任を取るのだろうか。そこまで考えての公開だったのだろうか。

二〇一〇年一二月七日夜、新宿ロフトプラスワンで行われたシンポジウム（創出版主催）で、私は配給会社の人に向かっていった。

「新聞では、外部の人の書いた原稿を新聞に載せる場合、その中身が嘘か本当かをチェックするが、配給会社も映画を公開するにあたって、その映画の内容の真偽をチェックしたほうがいいのではないでしょうか」

そう問うと、まず、「新聞と映画では違う」という意見が出た。そして、パネラーの一人、ある映画プロデューサーが、「映画は、それが嘘か本当かはどうでもいいのです。映画は娯楽なんですから、境はないんです」といった。私は唖然とした。

「それはいかんでしょう。漁師に対してあまりにも失礼でしょう。生業《なりわい》を娯楽にされたのではたまらない。もし、嘘と本当の境がないとしたら、それはドキュメンタリーと呼ばないで欲しい」

私は、そういった。今でも、私はそう思っている。

映画でもいったんドキュメンタリーとかノンフィクションと打ち出したら、それはもうジャーナリズムの土俵であって、娯楽とはいえない。そうでないと、何でもありの世界になってしまう。ただ話題になり、儲かればいいという考えは、ジャーナリズムの世界では許されるものではない。

「でも、『ザ・コーヴ』は問題提起したのだから、そこから考えればいいじゃないか」という意見も出た。しかし、問題提起の土台が嘘であったら、何も構築できない。そこからは何を考えても空論でしかなくなる。それは、ただの「人騒がせ」。あるいは、それを通り越して、限りなく「犯罪行為」に近いものとなる。

水銀濃度は二ヵ月くらいで半減

さて次に、私は水銀汚染について高屋さんに訊いてみた。すると意外な答えが返ってきた。「水銀の問題は、決して昨日今日始まった話ではない。昔から魚には水銀があるんです」という。

「あれでしょ。一八世紀の産業革命以後出てきたわけでしょ」と言葉を継ぐと、「産業革命以前の問題です。世界に火山があるかぎり、もう水銀なんて避けられるわけがないんです」

との答え。水銀汚染は、火山が原因だというのだ。

私はある専門の学者に水銀汚染について尋ねたことがある。彼の説明によると、汚染は一八世紀のイギリスの産業革命のころから始まったという。工業化とともに汚染は広がり、今やどの植物も動物も汚染されていないものはないほどに広がっている。

反捕鯨の人たちからイルカ・クジラ漁が目の敵《かたき》にされる理由の一つは、水銀が食物連鎖の上位にある大型魚などには多く含まれるといわれているからなのだが、それをいうなら、マグロはどうなるのか。食べる量からいえば、イルカやクジラの比ではない。最近は、捕鯨反対運動の広がるアメリカでは、同じ勢いで日本食ブームが広がり、マグロを食べる人もその消費量も多くなっている。シー・シェパードなどは、おざなりに「反マグロ漁」行動を行っているとはいえ、この矛盾をどう説明するのか。

高屋さんは、続けた。

「これ水俣病総合研究センターからの受け売りなんですが、ここ数百年、水銀汚染の数値はそんなに大きく変動していないというのです。要するに、産業革命が原因で水銀値が上がっているというのは、少なくとも日本ではない」

私は驚いた。そんな話は聞いたことがなかった。

「海水中には火山性の水銀がいっぱいある以上、食物連鎖がある限り、魚介類には水銀はあるものなのです」

高屋さんは続けた。

「日本では水俣病があって、非常にセンシティヴな問題として出てくるので、平成一七年の時点で、もう妊婦への魚介類の水銀に関する注意事項を出しているんです」

そして、また意外なことをいった。

「水銀って、二ヵ月くらいで半減するんです」

水産庁では、イルカ、クジラの水銀濃度を測っているが、北西太平洋のクジラは、水銀を含んだ魚をたくさん食べても、そのあと、南に下りてくる間に代謝されるため、南氷洋では、ほとんど水銀がないという。

「でも、南でも食べるでしょ」

「南極海に行くと、エサは圧倒的にオキアミ。そうすると数値が下がってくるんです。要は、北西太平洋では食物連鎖の頂点を食べているから数値は高いが、オキアミは連鎖の一つ目か二つ目なので、数値が低いんです」という。

ヒゲクジラでも、魚とオキアミの両方を食べるという話だ。

高屋さんは、太地町でも水銀汚染度を調査したが、同じ数値でも、水俣湾のような工業的なものではないから違うのではないかという。それは、私も前からそう思っていた。そうでないと、数字では割り切れない現象がたくさんあるのだ。太地町では、驚くほど数値が高い人でも健康でピンピンしているからだ。

「水俣病の原因は、工業系の有機水銀ですから」と高屋さん。工業系の有機水銀と火山から出てくる有機水銀は違うという仮説なのだ。もちろん、それは証明されていないから、水産庁では、区別せずに総水銀量で表すという。

「そのほうがより安全だという考え方です。基準を定めるときは、相当、安全係数を取ってやっているわけですから」

「太地町での結果は、全国平均の四倍。それだけ高くて、病気になっている人がいないということは、工業系ではないということですか？」

「あんなところで工業系有機水銀ってことは、考えにくいですね」

……驚くことばかりだ。しかし、産業革命や工業化の影響というのは、どこから来た話なのだろう。

「いや、そういう説を唱える学者もいますよ」と高屋さん。

「もともと太地町長は、いろんな議論が出てくるので、もう白黒つけようじゃないかと、町民の健康診断を始めた。そのために、日本で最も権威のある検査機関はどこかというので国立水俣病総合研究センターで実施となった。ところが、そこは国の機関だから信用できないというジャーナリストがいた。いったい、どこでやればみんなに納得してもらえるんでしょうね」

無機水銀で人は病気にならない

後日、私は国立水俣病総合研究センターに問い合わせた。基礎研究部生化学室長の安武《やすたけ》章《あきら》さんは、

「一般環境中の水銀は太古の昔からあります。工業化で数値が上がったということはまだだれも証明できていません。いうなれば、長い間の火山活動で環境中に出てきた水銀の含まれた海を、水の張られた五〇メートルプールにたとえると、今、人間が汚した水をコップで少しずつ流し入れている状態です。将来は、汚染度が上がるかもしれませんが、今はまだ数値に表れていない状態です」

という。

私は驚いた。水銀汚染の概念が変わった。私はこう問うた。

「でも、映画『ザ・コーヴ』では、イルカの水銀汚染は中国の工業化が原因だとか、反捕鯨団体は、最近は汚染が進んでいるので、イルカを食べるべきではないなどと訴えているではないですか」

「だから、彼らの主張は早すぎるのです。このままいくと危険だとは思いますが、科学的にも数値的にもまだ答えが出ていません。答えが出るまで待って欲しいのですが……」

「では彼らは、科学的根拠ではなく、イメージで主張しているだけですか？」

「まあ、そんな感じですかね」

要するに、工場のすぐそばで測れば数値は上がるが、地球全体でどれだけ数値が上がっているのかは、まだだれも検証できていないのだ。それほど微量なのだろう。しかし、映画『ザ・コーヴ』では、年に二～三パーセント、汚染度は増加していると主張している。

「それで計算すると、一〇年で二〇パーセントも増えることになる。そんな数値は見たこともありません。信じがたい数値だし、もしそれが本当だとしたら、世界中の科学者が驚きます」

「四〇年も五〇年も前には、太地町の人たちは毎日のようにイルカやクジラを食べていたが、昔は汚染されていなかったから大丈夫だった。でも今のイルカは危ないかのように主張しているのは嘘なんですか」と私が問うと、「もし、毎日のように食べていたころ検査していたら、もっと高い数値が出たと思いますよ」という。

「でも、そんなに数値が高かったとしても、だれにも水俣病のような病気は出てないじゃないですか」

「有機水銀でも種類があるのですが、自然界に常時あるのがメチル水銀です。水俣湾で工場から排出されたのもメチル水銀ですが、果たして、工場から出たものと、自然界にあるものが生物の体内でまったく同じように作用するかどうか。水俣湾のように、メチル水銀がダイレクトに魚の体内に取り込まれる場合と、自然界の他の生命体を通過し取り込まれる場合

（食物連鎖）とでは異なる可能性もある。

私の個人的な仮説ですが、自然界でメチル水銀が生物の体内に入って来たとき、体内で解《げ》毒《どく》作用が働くのかもしれません。そのへんは、今後の研究を待たねばなりません」

「解毒作用っていうのは、水産庁の人がいっている『二ヵ月で数値が半減する』というやつですね？」

「人間は二ヵ月で半減しますが、クジラの場合、一年か二年かかります」

私は、もう一つ大事なことを聞いた。映画のなかで、太地のイルカの肉を測定したところ、二〇〇〇ppmの濃度の水銀が検出されたと報告している。これは、厚生労働省の暫定基準値〇・四ppmの五〇〇〇倍もある途方もない数値。これは、どういう風に解釈すればいいのだろう。安武さんは、次のように答えた。

「間違ってはいけないのは、あれは普通の筋肉ではなく、内臓の数値です（映画は、それを明示していない）。筋肉は内臓ほど高い数値ではないと思います。それから、その数値は総水銀量で、内訳の九割以上は無機水銀であって、メチル水銀ではありません（それも明示していない）。

無機水銀が人間に病気をもたらしたという例はまだありません。まだ結論は出ていませんが、私は、それ（九割以上は無機水銀）が解毒作用の結果なのかもしれないとも考えています。つまり、体に有害なメチル水銀を解毒し、無機水銀として体に溜めている可能性があるということです。しかし、無機水銀も有害だと唱える科学者もいます。まだ結論は出ていません」

以上が、国立水俣病総合研究センターの答えだった。

自民・公明・共産も同じ姿勢

さて、水産庁で、私は最後に、最も気になっていることを訊いた。水産庁は、イルカ漁をどう見ているのか。今後も続けさせていくつもりなのか。高屋さんの答えは、これまた予想外のものだった。「参議院で出た質問に対する政府の姿勢です」と、あるコピーを出してきたのだ。

そこには、次のように書かれていた。

〈政府としては、イルカを含む鯨類は重要な水産資源であり科学的根拠に基づき持続的に利用すべきと考えており、また、イルカ漁業は我が国の伝統的な漁業の一つであって、法令に基づき適切に実施されていることから、関係省庁が連携してイルカ漁業に対する妨害活動への対策を講ずるとともに、イルカ漁業に対する国際的理解を得られるように努力しているところである。以上〉

これは民主党政権となってから閣議決定し、政府として正式に答えたものだが、自民党も公明党も共産党も、鯨類の利用に関しては、基本的姿勢は変わらないという。

「じゃあ、政府としては、この捕鯨の文化は守るということですね」

「もちろん、だれも食べなくなればば当然やめますし、絶滅の危機になればやめさせます。ただ、食べたい人がいて、捕りたい人がいて、その需要に耐えるだけの資源があるのであれば、利用すべきだと、基本的に考えています。それはイルカだろうが、クジラだろうが、マグロだろうが、アジ、サバだろうが、みんな同じです」

高屋さんはきっぱりとした態度で答えた。

この言葉は、漁師たちを勇気づけるだろうと思った。水産庁は外圧に屈しているわけではないのだ。私は、もう一ヵ所、是非話を聞きたいと思っていたところへ向かった。

「日本たたきが目的だ」

東京・中央区豊海町《とよみちよう》の財団法人日本鯨類研究所。顧問で農学博士の大隅清治氏を訪ねた。以前、大隅氏の著書『クジラを追って半世紀』を読み、ずっと気になっていることがあったからだ。そして、同研究所は、日本で唯一鯨類を専門に研究する機関。反捕鯨団体の主張している「信仰」の真偽を確かめたかったのである。

大隅氏はクジラ研究では第一人者だが、気軽に取材に応じてくれた。広い会議室でゆっくりとしたインタビューとなった。

私が、熊野でずっとイルカ漁の取材をしていると自己紹介し、反捕鯨活動について質問すると、大隅氏はすぐに察して、「ああいう反捕鯨団体とはつきあうことはないし、つきあう気もないんです」と自分の立場を明らかにした。

その理由は、「彼らのビヘイビアを見ていると、科学的な話が通じていない。感情で主張している。要するに、言葉が通じない。会話が成立しないんですね」。

それは、私も同感だった。かねがね彼らに宗教的ムードを感じていたので、「なぜあんなにイルカを崇拝するのでしょうか」と問うと、「まったくですね。イルカが絶滅しかかっているのなら考えようがありますが、そんなことは絶対ないですからね」と答える。

「でも、彼らは絶滅しかかっていると思っていますよ」

「だから、話にならないわけです。本当に絶滅しかかっているイルカに対してはまったく行動を起こしてない。たとえば、中国の揚子江《ようすこう》カワイルカ。流域の社会開発による環境汚染などで実質的には絶滅しているようですけど、それに対してはこれまで保護運動をやっていない。もう一つ。メキシコにバキータという小さなイルカがいるんですが、これに対しても保護活動はやっていません。日本たたきが目的なんじゃないですか」

「それが目的なんですかね」

「私はそう思いますよ。もし、本当に世界のイルカ、クジラで絶滅に瀕しているところがあるのであれば、それを保護するような活動が真っ先にされるべきでしょ。それをまったくやってないんですからね」

それはもっともな話だった。目的は日本たたき、あるいは寄付金を集めるために、集金しやすいところへ来ているのかもしれない。

次に、私は大隅氏の専門の話を聞いてみた。同研究所で行っている調査捕鯨の話である。世間では、「こんな広い海で、クジラの頭数なんかわかるわけがない」とかいわれ、反捕鯨の連中には「あれは、実質的に商業捕鯨。捕鯨をカモフラージュするための隠れ蓑《みの》」といわれている。その真偽はどうか。

大隅清治氏

大隅氏は「昨日も水産海洋学会があって、シンポジウムで日本が北西太平洋でやっている鯨類捕獲調査の今までの成果の発表があったばかりですけどね」といってから、「毎年の国際捕鯨委員会で、科学委員会が本会議の前に開かれるので、そこで毎年の調査結果を報告する。国際捕鯨委員会ではいろんなディスカッションが行われています。六年に一度ぐらい、長い調査の成果を世界の権威者にレビューする機会が持たれている。いろいろ論議するわけです」と説明する。

調査の結果は、本会議に反映されているのだろうか。

「実は、されてないですね。本会議では科学委員会のいろんな勧告などを無視しています」

きっぱりとした否定で、拍子抜《ひょうし》けした。では、なんのために……。

「科学委員会はわれわれの調査結果を非常に高く評価しているが、本会議ではまったく無視していますね。たとえば、一九八二年に、商業捕鯨のモラトリアムの決議が出されていますが、そのとき、科学委員会が『いくつかの鯨種については、これだけの捕獲が可能』という勧告はしたが、まったく考慮されず全面禁止を決議したわけです。それが象徴するように、今のIWCは科学無視です」

なんで、そういうことになったのだろうか。

「反捕鯨の国が、半数以上を占めているからです」

しかし、反捕鯨の科学的根拠が必要じゃないのだろうか。

「彼らは根拠なんて、何も考えてないです」

でも、そういう考えに至る根拠があるのでは。

「かつて、クジラが絶滅するという迷信が十分に検討もされずに、広まってしまった。それに反捕鯨の国というのは、捕鯨をやった経験のない国とか、捕鯨から足を洗った国ばっかり。クジラに対する理解が極めて不足しています。さらに、反捕鯨の活動家がそういうところで盛んにＰＲしますから、政治家も、捕鯨を支持しても票が集まらないということがあります」

驚いた。理屈や科学ではなくて、票を集めるために反捕鯨を訴えているのだ。

「そうです。それから、委員になる人がどんどん代わって、クジラへの理解がない人が委員になるから、わからないんです」

「ということは、日本が一番詳しいわけですか」

思わず、そんな言葉が出た。

「日本とかノルウェーとかアイスランドとかですね」

「捕鯨を実際にやっているところですね」

「日本の場合は、友好国にときどき集まってもらって、捕鯨の現状、資源の現状をお互いに話し合う機会を持つことで、そういう国の支持はあるのですが、いかんせん、ＩＷＣは数の論理で動いている。クジラの実態をわかってくれる国は、全体の半分ぐらいというのが現状。四分の三の票を獲得すれば、モラトリアムを解除できるのですが、そういうことは現在の情勢ではまったく難しい……」

脳の新皮質は薄いクジラ

しかし、彼らのデマ情報以前に、宗教的な、たとえばキリスト教的な考え方とか、科学者がこういった本を出したとか、そんなことはなかったのだろうか。

「ノルウェーとかアイスランドはキリスト教国ですが」と大隅氏。

「キリスト教は関係ないですか」

「まあ、関係なくもないですけれども」

「イルカが聖書に出てくるとか」

「人間の作ったもの、家畜はいいが、野生動物はいかんとか、といった記述は聖書にもあると思いますが」

そのことは、水産庁の高屋氏も話していた。抗議に訪れる外国人のなかには「旧約聖書に、足のない動物を食べるなと書いてある」と訴える人もいると。

よく彼らは、人間と同じように知能が高いというが、根拠はあるのだろうか。

「クジラは利口だから殺してはいけない、ならば利口でなければ殺してもいいのかという倫理的な問題もあります。クジラは、海の環境に適応するように進化しているわけで、たとえば、脳が大きいというのを彼らは賢い根拠にあげていますが、それは必ずしもそうではない」という。

脳の大きさは必ずしも頭のよさを意味しない。脳の構造を見ても、人間の脳は前頭葉が発達しているが、クジラの脳は聴覚の部分が発達している。脳の形を見ると、人間の場合には前後に長いが、クジラの場合は横に長い。横の部分に聴覚を司《つかさど》るところがあるからだという。

「同じ脳でも、われわれのように陸上で生活する脳と、海のなかで生活する脳とはぜんぜん違うんですね。脳には新皮質と旧皮質とがありまして、新皮質が知能に関係するんですが、その厚さは人間よりもずっと薄い。ということは、古い脳が大部分を占めているということなんです。それから、いろいろな芸をするから賢いというのは、彼らの水中での生活の仕方を訓練によって引き出しているだけです。豚だって、教えればいろいろ芸をするんです」

反捕鯨の人たちのいう「人間と同じぐらいの社会性と言語性」についてはどうだろう。これについても大隅氏は論破する。

「社会性といったって、私は若いときからいろいろ海に出ていますが、彼らがもし頭がいいのであれば、毎年同じところで行っている捕鯨場所になんか来ないはずです。それが毎年来るわけです。学んでいないのです」

言語能力についていては、「言葉といったって、サルや犬だってある程度の言葉を認識するじゃないですか。ある反捕鯨の学者が、クジラと会話できるという信念を持っていて、いろいろと試みた。会話するためには、人間のほうも超自然的な状態にならなければいけないと、いろいろな麻薬を飲んで会話しようとして、しばらくしているうちに中毒になっちゃいました」という。

私は思わず笑ってしまった。

「反捕鯨の主張は最初、『クジラは絶滅に瀕している』という主張だった。それが、われわれの調査によって、そうでもないとわかると、その次に『クジラは頭がいい』といいだした。それもわれわれが調査して、必ずしもそうでもないとわかると、その次は、『クジラを殺すのが残酷である』という主張になった。それで、われわれは、瞬時に殺すという人道的捕殺法も開発したわけです。そしたら、その主張も使えなくなった。で、今は『何が何でも殺してはならん』といっている。それしかいえなくなったんです」

私はますます笑いを抑えるのに苦労した。まるで漫画のようだ。

ここで一つ、「瞬時に殺すという人道的捕殺」について解説する。

映画『ザ・コーヴ』のクライマックスシーンで海面が血に染まるが、あの捕殺方法は、太地町ではもう五年も前からやっていない。今は、血を流さないし、苦しまないように瞬時に捕殺する方法を取っている。

具体的には、特殊な棒で延髄《えんずい》を突く。刺した棒を抜くときに栓《せん》をする。そうすると血が出ないという。そういう意味では、映画『ザ・コーヴ』の、あの血の海のシーンは、意味をなさなくなっている。映画で上映するなら「かつて、こうやって捕殺していました」と注釈を入れなければ嘘になるのである。

クジラは回遊する必要もない

次に、私は、大隅氏に最も聞きたかったことを質問した。氏は著書のなかで、クジラの飼育について書いている。クジラも牛と同じように飼育できる。日本は今や技術的にもその段階に来ているという。私の質問にも、大隅氏は、「十分可能性があると思っている」と答えた。

「しかし、そのためには、広い場所が必要ですよね」

「必ずしも広くなくてもいいんです。体長十数メートルに成長するコクジラという種類がありますが、この子供が、かつてアメリカの小さなプールで一年間飼われていたことがありました。結果は、大きくなりすぎて海に返しましたけどね。そういうところでも十分に飼えるんです」

クジラは広い海を回遊する。それも地球の北から南へと動き回る、途方もなく広い生活圏を持つ。しかし、大隅氏は、「必ずしも回遊する必要があるわけではないのです」という。

エサ場と繁殖場の間を回遊するが、もともと大昔は、エサ場と繁殖場は一緒だった。それが、地球が温暖化するにつれて、エサ場がどんどん冷たいところに移っていったので、それに適応しただけで、回遊しないでも生活できるのだと。

私は二〇一〇年、和歌山県串本町《くしもとちょう》の水族館でカメを取材したことがある。アカウミガメの人工繁殖に成功し、第二世代（孫）が水族館で誕生したというのだ。アカウミガメもクジラと同じように、地球の反対側まで行って戻ってくるという回遊生活をする。もっとも、カメは小さいから、数十年かけて戻ってくるようだが、どちらにしても、回遊が必然ではないようだ。

次に、まだどこにも出ていない話だが、私は太地町の構想について質問した。

「クジラの飼育が可能だということですが、太地町が、それを実際にやろうと計画しているようですね。本当に、牛の牧場のようなことが、クジラでもできるんですか」

と水を向けると、

「ご存じなんですね、その計画のこと。今、森浦湾《もりうら》でクジラを飼おうという構想があって、私もその委員会の委員の一人なんです」

と答えた。森浦湾は、太地町の入り口にある幅一キロもない小さな湾だ。

「ということは、あれぐらいのスペースがあればいいということですか」

「あの半分で十分です。まだ、何を飼うかは決まってないのですが、私はミンククジラを飼えばいいと思っている。委員のなかには、イルカを群れで飼おうという考え方の人もいて、まだ十分煮詰まっていないんです」

どうしてミンククジラなのだろうか。

「世界のどこにもミンククジラを飼育して展示しているところはない。そういうことができれば、太地町をアピールできるでしょう。それには資金と意欲が必要です」

飼いやすいのだろうか。

「さっきいったコクジラよりも小さいし、繁殖力が一番ある。一年に一頭子供を産む。ナガスクジラは二年に一度。マッコウクジラは五年に一度ぐらい。そういったわけで繁殖力がある。それからエサを選り好みしないで食べるから飼いやすい」

「何を食べるのですか」

「今、われわれが調査してますが、サンマとかカタクチイワシとかですね」

「確かヒゲクジラでしたよね。アミだけじゃなく魚も食べるんですね」

「われわれが漁業の対象としている水産物を大量に食べているんです」

もし、それをやったら世界でも初めての快挙となる。しかし、反捕鯨団体が黙ってはいないはずだ。今よりも、もっと激しい闘いになるかもしれない。

「イルカは自殺しない」

私は、映画のなかで、オバリー氏がいっていた「イルカが自殺した」という表現について質問した。イルカが本当に自殺することがあるのかどうか。

大隅氏は「自殺しないです」といってから、「するといえば、こういうことがある。イルカは地磁気に沿って行動するという説がある。地球のなかに張り巡らされている地磁気に沿って回遊できるということなんです。しかし、その地磁気がときどき狂うことがある。そうすると、その地磁気に沿って大量に座礁するが、それがあたかも自殺に見えないこともない」と語る。

「それは、証明されているんですか」

「証明はされていないが、有力な説です。クジラが座礁する原因というのは、いろいろあって、耳のなかに寄生虫が入って聴覚が狂ってしまうというのや、シャチに追われてパニックを起こすとか、一二ぐらい学説がありますが、自ら死のうと思って動物が死ぬとは考えにくい」

「それでは、もう一つ。反捕鯨の人たちがよく『イルカが人間を救ったという話がいっぱいある』といいますが……」

すると、「あれもね、特にギリシャ神話に多いけど、インチキなんですよね」という。

イルカには浮いたものをつっつく性質があるという。遊びの一つだと思われるが、たまたま、おぼれた人がイルカにつつかれて、岸のほうに上げられたのが伝説になったのではないかというのだ。岸に上げられた人は、そのあと生きているから「イルカに助けられた」とふれ回るだろう。イルカが沖のほうにつついていくと、その人は死んでしまうから伝説にならないというのだ。

あり得る話である。まあ、人を助ける話だったら、犬や馬でもありそうだ。

ベトナム戦争の枯れ葉剤隠蔽で

私は、話を変えて、反捕鯨運動の起源の話をすることにした。

反捕鯨運動はいつ、どのように始まったのか。私の調べた範囲では、それは、ベトナム戦争の枯れ葉剤の問題に行き着く。

ベトナム戦争で、アメリカがジャングルで活動するベトコン（南ベトナム解放民族戦線）に手を焼き、枯れ葉剤を撒いて木々を枯らしてしまったことは有名だ。それが一九七二年のストックホルムで開かれた国連人間環境会議で、スウェーデンの首相から非難された。ところが、当時のアメリカ大統領ニクソンは、国際的に非難されることを予想して、それを回避するため、別の火種を探していた。そこで目をつけたのが反捕鯨運動だった。

当時は、まだその活動も小規模だった。このころの反捕鯨運動は、アメリカの牧場経営者らが日本などに牛の肉を売るために始めたといわれている。クジラ肉ではなくビーフを食べろというわけだ。

それで、当時まだ小さかったNGOをアメリカ政府が支援し、大きな活動へと広げていったというのだ。

その話をすると、大隅氏はすでによく知っていた。それどころか、氏は、その渦中にいたという。ストックホルムの会議が開かれる二年前の一九七〇年にアメリカは、世界のクジラの資源を検討するという会議をワシントンで開いている。世界のクジラ研究者が一堂に会したわけだが、大隅氏もそのなかの一人だったのだ。

ところが、会議はアメリカが望むような結果にならなかった。捕鯨を全面的に禁止にしなくとも、クジラの絶滅はない。クジラの種類によって、その状況は異なるという資源の状態を示した。

「本来、その報告書はすぐに出すべきものでしょうが、アメリカ政府の思惑と違ったので、四年間も放置されました」と大隅氏。

その後の一九七二年に、ストックホルムの会議で、アメリカの圧力によって、商業捕鯨の全面禁止（モラトリアム）を議決したという。正に強引に話題を逸《そ》らしたのだ。

間違えないように注意しなければならないのは、商業捕鯨禁止（モラトリアム）がＩＷＣで決定されたのは一九八二年であるが、その一〇年前のストックホルムの国連人間環境会議で、すでに議決されているのだ。

では、なぜ一九七二年に、すぐにモラトリアムが実行されなかったのか。

ストックホルム会議の結論には拘束力はなかった。拘束力があり、実際に世界のクジラの管理をするのはＩＷＣなのである。

ＩＷＣの決定が一〇年も遅れた理由を、大隅氏は、

「一九七二年のＩＷＣの会議で、科学委員会は抵抗しています。モラトリアムという、いいのも悪いのもいっしょくたにして捕獲禁止にするというのは科学的に正当ではないという勧告をしていた。一〇年間は科学的な視点が通用していた。そのころのＩＷＣはまだ良識が支

配していたといえるでしょう」

という。しかし、そのＩＷＣも、一〇年後には政治に敗れるのである。大隅氏はさらに、

「アメリカ政府としては、そういういきさつで反捕鯨運動が抜き差しならなくなり、そのときに動員したＮＧＯもつぶすわけにはいかなくなって、ＮＧＯがどんどんのさばってきたんでしょう」

といって、ため息をついた。

「それがいまだに続いているってことですか」

「私はそう思いますよ。一九七二年にモラトリアムがＩＷＣでは否決されたものだから、アメリカはどんどん反捕鯨運動を強化するようになった。それで、捕鯨をやっていないような弱小国までＩＷＣのメンバーに入れて、反捕鯨の票を伸ばしていった。ＩＷＣはすべて投票数で決まりますから、一九八二年までに四分の三を確保して、モラトリアムを議決させたというわけです。だから、かなりの国はその決定後、やめちゃったのです」

私までため息が出てきた。

しかし、アメリカとしては、枯れ葉剤のことはすでに知られたのだから、反捕鯨運動をやめてもいいと思うのだが、

「いえ、そのときにすでにアメリカ内の商業捕鯨はつぶしちゃってるわけです。ＮＧＯはそれで食べていかなければならないし、今さらつぶせない。それに、政府としては、いろんな

不満のはけ口として利用できる。日本をターゲットにすれば、同じ白人を攻撃するよりも共感を呼べる。今では、つぶれるどころか、ふくらんじゃって、収拾がつかなくなっている。かつてアメリカは、捕鯨で油を採っていたが、石油という代替品が出てきたので、捕鯨を再開する意味もまったくなくなってきている」

と大隅氏。

アメリカやイギリスの捕鯨は油を採るためであって、日本のように食用というわけではないので、捕鯨は今やどうでもいいのだ。そのとき、私は以前から気になっていたことを思い出した。

アメリカは、クジラの油をロケットの燃料として使っていたという話だ。それを大隅氏に尋ねてみた。

「それはね、マッコウクジラの脳油です。マッコウは頭が大きいでしょ。そこに脳油の袋があって、潤滑油として非常に性能がいいので、宇宙開発のときに利用した。温度が低いところでもエンジンを回さなければならず、そのための潤滑油としてマッコウクジラの脳油が一番いいといわれていました。だから、しばらくの間はマッコウの捕獲は、戦略的に許されていたのです」

「いつごろの話ですか？」

「それが蓄積されて、ある程度の量がたまったというところでモラトリアムになったんです」

「じゃあ、ストックホルムからＩＷＣのモラトリアム決議の間はまだやってたんですか」

「そう、マッコウクジラ捕鯨は続いていた。今は、もう代替のいい油が開発されていると思いますよ」

それも、なんだか卑怯《ひきょう》な気がする。自分のところで採れるものを採って、用がなくなったら、禁止にするのだから。

捕鯨と魚の数と漁業の相関関係

それから、大隅氏は、海洋全体の生態系の話をしてくれた。自分自身わかっているつもりでいたのに、わかっていなかったという内容だった。それは、次のような会話から始まった。氏はこういった。

「クジラは森林の木と同じで、適当に間引かないと、海全体の十分な管理ができないんですよ」

「増えすぎるということですか？」

「増えすぎもあるでしょうが、全体的に合理的に海を活用する必要があるわけですけども、クジラだけ特別扱いはできないんですよ」

ちょっと待てよ。反捕鯨の連中が「クジラやイルカは特別なんだから、食べてはだめだ」

と訴えている。それはすごくヒューマンで美しい言葉のようで、本当に食べないで済ませられるなら、それに越したこともないかと漠然と思っていた。しかし、漁業関係者の生活を考えると、そうもいかないし、昔からそれで暮らしている人たちの生活の糧《かて》と伝統を奪うわけにはいかないというのが、私の立場であった。

しかし、漁師たちの権利ということを超えてのことらしいのだ。私は、質問してみた。

「シー・シェパードは、昔は、海を放っておいてもバランスが取れていたんだから、人間が手を出さない昔の状態に戻せばいいというが、クジラを捕らなくなれば、その状態に戻るのだから、それはそれで問題はないのでは？」

すると、大隅氏は、「それは、人間が漁業をやめるということです。海をまったく野放しにすればそうかもしれないけど、魚を食べる以上、クジラだけ別であるということは科学的にはあり得ない」という。

大隅氏は、詳しく説明してくれる。

「たとえば、日本で一年間に捕ることのできるサンマの漁獲量は、たとえば二〇〇六年、二〇万トン以内と規制されていたのですが、同時にクジラもサンマを食べていたのです。ミンククジラが食べるサンマの量を計算すると、人間が捕るよりもずっと多い。だから、クジラを絶滅させるのではなくて、適当に間引くことで、クジラが食べているサンマを人間が利用できるわけです」

という。私は、質問した。

「もし、シー・シェパードの要求通り捕鯨をやめたら、魚は確実に減りますか？」

「魚が減るのではなくて、われわれの取り分が減るのです。クジラも含めた全体のなかで、海洋をどのように合理的に管理して利用するかということを考えなくてはならない」と、博士はあくまでも冷静沈着に話す。

私はやっと理解できた。これだけ広い海だから、魚も無尽蔵《むじんぞう》にいるだろう、クジラやイルカを放っておいても人間にさしたる影響はないだろうと思っていた。私は、思わずいった。

「世界の人は意外にそのことを知らないでしょ。それこそ、シー・シェパードのように、放っておけば、十分に魚もいるし、元の海に戻せばいいんだと、適当に考えている人が多いのではないですか」

「そうなんですよ。そういう話には彼らは聞く耳を持たない。われわれは海を利用しているから、そういうことが理解できるのであって、海を利用していない国は理解できない」

「昔の状態に戻せばいいと、勝手に思いこんでいる」

「捕鯨をやったから、魚に余裕ができて、日本の漁業が盛んになったんですよ」

「そうなんですか？」

「そうですよ。彼らが食べる分をわれわれが利用できたわけですよ。それから、もう一つ、クジラっていうのは生物資源でしょ。ですから、間引けばそれだけ回復力が増すわけです。

つまり、資源を野放しにしたときには、資源は増えも減りもせず活力がない。ところが、資源は、銀行の利子と同じように、ある程度資源を減らすと再生産力が生まれるから、その利子分を利用すれば、元金を傷めずに利用できる。それが生物資源なのです。利用しない手はないわけですよ」

海洋の生態系をいかに合理的に利用するかというのが今の学問。そのなかで、クジラを特別扱いすれば、全体の生態系が崩れるというわけだ。

大隅氏は、「僕は、世界が理解をする共通言語は科学であって、そういう科学的な理解を共有しない限り、共通の話し合いはできないと思う」と強調するのであった。

第五章　真っ赤に染まるフェロー諸島

白人のイルカ漁に反捕鯨団体は

デンマークのフェロー諸島への取材を思い立ったのは、私がクジラ・イルカ漁の取材をしていることを知っている新聞社の後輩が、この島でクジラ・イルカ漁が行われていることを知らせてくれたからだ。

調べてみると、「フェロー諸島は北大西洋に浮かぶ一八の島からなり、面積約一四〇〇平方キロメートル、人口約四万八〇〇〇人。九世紀にノルマン人が入植し、一一世紀にはノルウェー領、その後デンマークが支配し、第二次世界大戦中はイギリスの占領下に。現在はデンマーク領だが、自治政府が認められている。主な産業は放牧と水産業。夏は涼しく、冬は温暖だが、天候の変化が激しい」とある。

しばらくそのことを忘れていたが、気になってもう一度調べてみた。太地町と同じように追い込み漁をしているという。見たところ、資料のなかの写真はクジラのものだが、イルカも交じっているかもしれない。イルカ保護活動家のオバリー氏も、インタビューの際に、「北欧でもイルカ漁をやっている」といっていた。

だったら、太地町と同じではないか。なぜ、映画は日本だけが対象となったのだ。白人だってやっているではないか。彼らが置かれている立場はどうなんだろう。日本と同じように、反捕鯨団体にやられているのだろうか？　いや、違うかもしれない。白人同士だから、そんなに圧力はかかっていないのかもしれない。もし、そうだとしたら、明らかに日本への差別意識が存在するということになる。私は、それを確かめたくなった。

取材とはいえ、会社の業務ではないから、休暇を使って行くしかない。一週間で行けるだろうか。インターネットで行程を調べた。遠いが、ぎりぎりなんとか行けそうだ。急いで予約を入れた。

二〇一〇年八月二三日。午前八時前にデンマークの首都、コペンハーゲンに着いた。乗り換えの飛行機は午後一時四〇分。まだ時間がある。その間にできるだけ情報を集めたいと思うが、観光案内所があるわけではない。

国内線の航空会社に尋ねても、クジラ漁をやっていることをほとんど知らないようだ。直通ではなく、ビロングという空港経由だが、ビロングがどこにあるのかもわからない。もらったパンフレットをよく見てやっと位置だけは確認できた。

目的地のフェロー諸島の空港の位置が思っていたところと違っていた。地図とにらめっこしていたら、この広い島をどうやって移動するのか自分でもわからなくなってきた。それよりも、どこでクジラやイルカが捕れるのかわからない。航空会社の人に尋ねても、よく知らないという。「多分、自治州の主都よ」という。「主都でクジラが捕れるのか？」と疑問を投げかけると、「クジラは、島全部よ」と投げやりな返事が返ってきた。

もっとよく調べてから来ればよかった。日本では忙しく、予約と休暇を取るのが精一杯で、ほとんど情報がない。これまでの海外取材同様、行けばなんとかなると思っていた。これもちょっとした冒険だ。今回は冒険旅行だ、と自分にいい聞かせての出発だった。だが、少し後悔し始めていた。

急に移動のことが心配になり、空港内のレンタカーのカウンターで尋ねた。今回、私は国際免許証を取らずに来ている。果たして、日本の免許証が通用するだろうか。

案の定、だめだという。「ドライビングライセンスと英語で書いてないと、これが何だかわからないわ。ポリスが受け付けないと思う」とカウンターの女性は済まなそうにいう。よく見ると、日本の免許証にはまったく英語が書かれていないことに気づいた。せめて、「ドライビングライセンス」とだけでも書いていてくれればよかったのに……。

なぜ、日本の免許証には英語が書かれていないのか。確か国際免許証を発行してもらうとき、二〇〇〇〜三〇〇〇円取られる。ということは、それで暮らしている人がいるということだ。この利権はけしからんし、意味がないと思った。これまで、ハワイやロスでは、日本の免許証で車を借りることができた。だから、私も油断していた。

念のために、空港内にあるポリス事務所を訪ね、日本の免許証を受け付けるか確認してみた。予想通りだめだという。

ますます不安にかられた。これまで六〇ヵ国以上を旅したというのに、旅をし始めた若いころの感情が蘇《よみがえ》ってくるようであった。今夜泊まる宿も決まっていない。日本で予約すると一泊二万円、三万円と高い。物価が高いから、到着してから現地で探すことにしていた。しかし、心細い。ともかく、今日は宿を見つけることだけに集中しようと思った。

「主都でクジラが捕れる？」

希望が見えたのは飛行機のなかであった。私が捕鯨の本を読んでいたら、突然、通路の向こうに座っていた男性が、「ちょっと、それを見せてくれる？　日本語は読めないだろうけど、どんなものか見たいんだ」と英語で話しかけてきた。

本を差し出し、「これを調べているんだ」と、本の表紙を指さし、ひと言添えた。そこにはクジラの絵が描いてあった。男は「おお！」と声をあげた。きっとフェロー諸島の人だから、すぐに理解したのだろう。私は、もっと詳しく説明しようと、バッグのなかから、フェロー諸島のクジラ漁の写真を出して見せた。

すると男は、それをじっと眺め、「ああ、これはあそこだ」と自分で納得している。

「どこですか？　あなたはクジラ漁のことを知っているのですか？」

「ヤー、これは私の家のすぐそばだ」

「ええ！　どこですか」

写真をよく見ると、クジラの解体作業の向こうに家や丘が見える。「トースハウンですよ。病院の向こうに湾があって、そのあたりですよ」という。

「トースハウン？　主都ですか？」

「そうです」

私は驚いた。

「ええ!?　主都でクジラが捕れるのですか？」

「そうです。二年前かな、これは」

「こういった写真を探しているのですが、お持ちではないですか？」

「ああ、持ってるよ」

とあっさり答える。またまた驚いた。私は念のために訊いた。

「あなたは、漁をやったことがありますか？」

「ああ、あるよ」

助かった。手がかりに出会った。私は、地図を差し出し、どのへんでクジラ漁が行われるのか訊いた。「まず、ここだろ。それから、五年前は、ここで……。ああ、ここでも捕れたことがあるな」といくつかのポイントを指し示した。私は、島のいろいろなところで捕れることを改めて知った。

私は、思い切って彼に尋ねた。

「あなたの持っているクジラ漁の写真を見せていただけますか」

「ああ、いいよ。見せてあげるよ」

私は名刺を差し出し、続いて連絡先を書いてもらおうと、取材ノートを渡した。彼は、きさくに住所と電話番号を書いてくれた。

名はアントラス・スコーロム。五三歳。保険会社勤務、日曜大工が趣味だという。

「私は写真を探すつもりだが、もしなかったら、訪ねていっていいですか」と尋ねた。すると、「ああ、いつでもいいよ」といってくれた。

その後、少し雑談し、私の旅の目的や日本のクジラ漁の状況を伝えると、「ああ、ここでもグリーンピースやシー・シェパードの連中が来て、追い出されたことがあった。潜水調査をしている彼らに町の人が『何をしているんだ。おまえらは反捕鯨の連中だな』というと、『われわれは、ツーリストだ』と答えるんだ」と笑いながら話してくれた。非常に聞き取りにくい英語だが、なんとか内容は推測できた。

私は彼にシンパシーを覚え、ちょっと厚かましいことを聞いた。

「私は、初めてフェロー諸島を訪ねるのだが、どこかいい宿を知りませんか。あまり値段の高くない……」

「空港に到着したら、荷物が出てくる間に探してあげるよ」

少しほっとした。

気軽にだれもがクジラ漁に参加

高度が下がっているのが、エンジン音を通してわかる。私は、窓の外を見た。雲のなかを降下しているらしく真っ白い。ところが、次の瞬間、バッと視界が開けた。眼下に緑色の島が見えた。まるで夢のなかにいるようだった。

かつて見たガイドブックの写真が蘇ってきた。なんと美しい島だろうと思った。タラップを降りると、ひんやりとした空気が小さな空港を包んでいた。そのまま歩いて建物に入る。アントラスさんは待っていてくれた。

彼は夫婦で旅に出たらしく、妻と一緒に、空港で、息子夫婦と孫娘に出迎えられて抱き合っている。再会が終わると、家族を紹介してくれた。

アントラスさんが、息子夫妻に私の旅の目的を告げると、夫妻は「ああ、クジラ漁は楽しいよ」と快活に話す。どうも、この島では、気軽にだれもがクジラ漁に参加するようだ。

アントラスさんは、何本か電話して、私の宿を見つけてくれた。おまけに、ホテルへのタクシーまで用意してくれた。

「このホテルが安くて快適だと思うよ。バスで町に行く方法もあるけど、降りたらまたタクシーを捕まえなければいけない。それも面倒だから、このタクシーで行ったほうがいいよ」

そんな言葉を投げかけながら、私をタクシーに乗せた。

タクシーの窓からの眺めは素晴らしかった。まったく見たこともない風景。山の形はゆるやかで、一面うっすらと緑に覆われている。木が一本もはえていない。ときどき見える家はおとぎの国の家のようにカラフルでかわいい。空気は乾いている。日本とは正反対の世界だ。

タクシー運転手は正確に中心都市トースハウンのホテルまで送ってくれた。ホテルというよりも民宿。だが、管理人はいない。運転手が民宿内に設置してある公衆電話で管理人を呼んでくれた。管理人は五分もしないうちに、どこからともなくやってきた。もう一つ民宿があって、普段はそちらのほうにいるのだという。

朝食つきで一泊四五〇クローネ（約六八〇〇円）。あんがい安い。この国はヨーロッパで一番物価が高いといわれているので覚悟してきたが、その値段にほっとした。やはり、あの親切なアントラスさんが気をきかせて、安い宿を探してくれたのだ。

しかし、管理人がいないのでは、右も左もわからない私は動きようがない。不安にかられた。

「インターネットの接続はできるのか」と問うと、無線LANだという。バンコクの空港でもそうだったが、今やどこも無線LANだ。

「私のパソコンは、無線LANはできないのだ。線（ライン）が必要なのだ」というと、

「そんなことはない。見せてみな」という。

バッグから取り出すと、「なんで日本人なのにアメリカのパソコンを使っているのだ」という。

私のパソコンはＩＢＭの製品なのだ。私はただ、「会社が買ったパソコンだから」としか返答のしようがなかった。

パソコンのスイッチを入れると、彼は「日本語は読めないが……」とつぶやきながら、パソコンをいじっている。

「ほら、つながった。動いているよ」

私は驚いて、のぞき込んだ。メールのボタンを押すと、魔法のように日本語のメールが二〇本ほど入ってきた。信じがたかった。私は初めて無線ＬＡＮを使ったのだ。それも、こんな遠い国で……。

「私は日本語ができないけど、ちゃんとできたぞ」と管理人は、満足そうな笑みを浮かべた。私は少し安心し、ここに泊まることにした。

部屋からは海が見えた。

運転手も管理人もいなくなると、静けさが戻った。人気《ひとけ》がまったくない。部屋のなかにいてもひんやりとしている。窓の外にはいかにも北欧ですといった「ただ美しい世界」が広がっている。

心細いが、まあ試しに一泊してみよう。今日は無事に宿にたどり着けただけで儲けものだ。自分にいい聞かせていた。

パソコンのメールを使えるというのは助かった。幾人かの友人に到着のメールを出し、妻とスカイプ（インターネット電話）してみた。微かに届いたが、すぐに声は消えた。無線LANの電波がどうも弱いようだ。それでも、こんな地球の果てからメールが届くだけましだ。

パソコンとにらめっこしていたら、夜の七時になっていた。外がまったく明るいので、時間がたつのがよくわからない。

ヨーロッパの陰の部分

夕食をとるため、町に出た。フェロー諸島の中心地といっても人口約一万九〇〇〇人の小さな町。そこでレストランを探すが、数は少ない。どこも高そうだ。

ヨーロッパもアメリカも、ちゃんとしたレストランは高い。人件費が高いからだ。ここもそうなのだと認識する。

日本のような居酒屋や定食屋はなかなかないものだ。あれは、アジア特有といってもいい。こんなとき、自分はアジア人なのだとつくづく思う。あの食べるときのアジアのだらしなさがいい。「おばちゃん、このスープ美味しいから、もう一杯ちょうだい」——そんなセリフ、欧米ではなかなかいえない。欧米では、スプーン一つ落としても、自分で拾ってはだめなのだから。

もっと自由になれないかと思う、給仕も客も平等に扱って欲しい。フランス革命って何だったのだろう。革命を起こして平等になったものの、あのルイ一四世の時代に編み出されたというフルコースのシステムは、根強く残っている。

結局、ファストフードの「フィッシュ＆チップス」にありついた。白身魚のフライとフライドポテトだ。イギリスに行ったとき、よく食べた。ここもイギリスの影響を受けているようだ。日本人が食べられる安い食事といったら、そんなものしかない。

私は店に入り、それを頼んだ。男の店員は「塩か醤油か？」と聞いてきた。

「醤油？」

私が首を傾げると、大きなプラスチックのボトルに入った醤油を持ってきた。嗅いでみると確かに醤油の匂いがするが、日本のそれとは違う。ヨーロッパ向けにアレンジしているようだ。

「ＯＫ。それにしてくれ」と答えると、「醤油と塩を半々か？」というので、面倒なので、私はただうなずいた。外は寒い。真夏の日本から来た私にはこたえる。ここのカウンターで立って食べることにした。

紙に包まれたフィッシュ＆チップスが出てきた。客はたいていテイクアウトなので、包んであるのだ。広げて食べ始める。想像した通りの白身魚のフライとフレンチフライドポテト。ポテトが醬油味というのは、考えてみると初めて経験する味。悪くはない。魚もフレッシュだ。何よりも温かいのがいい。

ときどき客が来るが、皆テイクアウトなので話す間もない。私は小さな窓の異国の風景を眺めながら、フライにかぶりついていた。

夕食を済ませて帰路につく。寄り道しながら歩いていたら九時近くになった。まだ明るい。ああ、これは白夜なんだ。私は初めて気づいた。確かに、ここの緯度は高いはずだ。イギリスよりも北にあるのだから。新たな体験に得した気分になった。

しかし、寒い。風景も寒々としている。どこかで見たことのある風景だ。そうだ。ギリシャのテオ・アンゲロプロスの映画『旅芸人の記録』や『霧の中の風景』、そして旧ソ連のアンドレイ・タルコフスキー監督の描き出す世界だ。

そうか、彼らはこんな世界で生活していたのか。この風景のなかにいれば、だれだってテンションが下がる。もの思いにふけるだろう。ヨーロッパの陰の部分に触れた気がした。

この島にもシー・シェパードが

翌朝。時差のせいか白夜のせいか、朝五時に目が覚める。窓の外はもう夜明け。水平線の向こうから大きな船が近づいてきた。観光客を乗せた豪華客船のようだ。そばを漁船らしき小さな船が横切る。ハムとチーズとパンの朝食を終え、取材に出る。

すぐにハーバーに出た。やはり美しい町だ。まるでおもちゃのようだ。たくさんの観光客が写真を撮りながら歩いている。フェリーからも車が次々と出てくる。

行く当てはないが、まずは市役所に行ってみよう。捕鯨の担当セクションがあるはずだ。市役所へ行く途中、観光案内所を見つけた。何か情報があるかもしれないから寄ってみた。

案内所は、観光客でごった返していた。五、六分順番を待った。

案内嬢は、捕鯨に関しての情報は持っていなかったが、いろいろ調べてくれた。奥の部屋に入って何か情報を得たらしい。カウンターに戻ると、「所長が捕鯨問題に詳しい人に電話しているが、なかなか捕まらないのよ」と困った表情を見せ、また事務所に消えた。

そしてまた現れたかと思うと、「事務所に入ってください。所長があなたと直接話したいといっています」という。

私は、いわれるまま事務所に入った。所長は少し大柄な中年女性で、部屋の真ん中に座っていた。

「今、捕鯨に詳しい女性に電話したのだが、どうも会議中のようです。午前中はずっと会議だから、午後一時に彼女の事務所に行ってみてください」

「いや、私は今、市役所に行くつもりなんだ。市役所なら担当者がいるでしょう」

「私も市役所に電話してみましたが、市役所では何もわからないそうです」

「ええっ、市役所に行っても無駄なのですか。統計ぐらい持っているでしょう」

「いえ、捕鯨に関しては何も資料はないようです。私の推薦する女性がよく知っているから、彼女に会えば何でもわかるはずです」

「じゃあ、一時に行けばいいのですね。彼女に会えるのですね」

「会えるかどうかはわかりません。もし、あなたがラッキーだったらという話です」

その彼女のいる事務所を地図でマークしてもらい、その流れのまま雑談をした。その話のなかで、この島のクジラ漁の概略をつかんだ。

この国のクジラ漁で最も特徴的なことは、商業捕鯨ではないということ。漁師がクジラを捕まえるのではなく、町中、村中の人が総出で協力して漁をするということだった。

フェロー諸島には一八の島があるが、その島ごとに町や村がある。クジラは各所に出現し、それぞれの村や町が漁をする。クジラが来ない年もあれば、年に数回来ることもある。それは予想がつかない。

クジラを捕まえるときの手順を所長が教えてくれた。

「まず、クジラの群れを見つけた人はポリスに通報する。ポリスは、村や町の捕鯨係のリーダーに連絡し、そこから市民に伝えられる。市民たちは仕事をしていようが何をしていようが、それをほっぽり出して海岸に行く。船を持っている人は船で海岸に行き、クジラを追い込む。市民たちは漁を手伝い、分け前をもらうのよ」

それが、日本で見た写真のショッキングな捕鯨風景なのだと思った。どうして、あんなにたくさん人々が写っているのかと思っていたが、あれは手伝っている住民たちなのだ。そして、そう簡単にクジラ漁には出くわせないこともわかった。

所長は、

「日本が反捕鯨団体の圧力を受けているのは知っているわ。この島にも同じようにグリーンピースやシー・シェパードが来たことがある。クジラ漁の将来はどうなるのか私にはよくわからないけど」

と両手を広げてみせた。最後に、

「まあ、詳しいことはその彼女に聞くことね。それから、自然史博物館に行ってみるといいわ。少しはクジラについて展示してあるから」

と博物館の場所も地図に印をつけてくれた。

観光案内所を出た私は、自然史博物館に向かった。博物館は丘の上にあった。一階平屋建てのこぢんまりとした建物で、外からは、とても博物館に見えない。この町のものはすべてこぢんまりとしていて、大きなビルは見当たらない。

博物館のなかに、果たしてクジラの展示はあった。古い写真だが、私が求めていたこの島の追い込み漁の写真が何枚か展示してある。英語ではないので、何を示しているのかよくわからないが、グラフのパネルも数枚ある。見学者はだれもいない。

私は、ともかく写真をカメラで複写した。写真撮影が禁止なのかどうかはわからない。だめだったら、あとで謝ればいい。夢中で撮った。ビデオカメラでも撮影した。

滞在中の四日間で、クジラ漁に遭遇できるとはとても思えない。前日の飛行機のなかでアントラスさんと話した内容から、それは推測できた。なにしろ、主都に住むアントラスさんが漁を見るのは、数年おきなのだ。そんなにしょっちゅうある話ではない。

そんなことも日本で調べることができなかった。ここのクジラ漁に関しては、ほとんど白紙。だから、私が来た意味もあろうというもの。手探り状態だ。

シー・シェパードの新兵器

博物館を出て、港に向かった。坂の途中、スーパーマーケットを見つけ、サンドイッチとジュースを買った。まずい。ここの人たちは、こんなまずいものを食べているのかと思った。

午後一時。赤い小屋の事務所を訪ねた。外観とは違って、なかは極めて近代的な内装で、ガラスの向こうに秘書が二人座っている。私が、女史の名前を告げると、内線電話をかけて呼んでいる。どうも部屋にいないようだ。

椅子に座って様子を見ていると、数人の人たちがドアを開けて入ってきた。ここのスタッフのようだ。そのなかの一人、すらっとして黒いスーツ姿の女性が、秘書に呼び止められた。女性は向き直り、私に話しかけてきた。

「私が、ケイト・サンダーソンですが……」

顔は面長できりりと引き締まり、金髪のショートヘアだ。

「ああ、あなたでしたか。初めまして。私は日本から来た新聞記者ですが……」と自己紹介し、ここへ来た目的を説明した。

「あなたは運がいいわ。私は忙しくてなかなか捕まらないはずなのに、偶然、今帰って来たところよ。まあ、散らかっているけど、私の部屋に来なさい」と流暢《りゅうちょう》な英語でいう。

私は従った。部屋は特に散らかっている様子はないが、天井の一部から青い空が見えた。

「そこ、今工事をしてもらっているの。まあ、座ってよ」と私を座らせた。

「あなた、来週のNAMMCO（North Atlantic Marine Mammal Commission＝北大西洋海産哺乳動物委員会）の会議までいるわよね。日本人も参加するのよ」

「来週？　いえ、私は、今週いっぱいで帰ります。来週の会議って何でしょうか？」

クジラを中心に海洋資源の保全と利用を目的に、アイスランド、ノルウェー、グリーンランド自治政府、フェロー諸島自治政府で結成しているNAMMCOの会議がちょうど来週開かれるという。

「日本の代表団もオブザーバーとして参加するから、ちょうどいいわよ」

「あ、そうですか。でも、私は……」と口ごもった。予期せぬ話だったからだ。

「まあ、いいでしょう。それで、何が聞きたいの。私は、その来週の準備もあるし、とても忙しいから、悪いけど質問があるならメールでお願いできない？　でも、せっかくこの島に来たんだから、重要人物を紹介しましょう」とパソコンの画面から、四人の名前と電話番号などを出して、プリントアウトした。博物館の館長とスタッフ、獣医、ゴンドウクジラ協会の会長だった。

「この人たちに話を聞くといいわよ。取材が終わって、もし私に聞きたいことがあれば質問してください。あなた、いつまでいるの？　そう、土曜に帰るの。じゃあ、それまでに資料を用意しておくから取りにきて。私がいないときは、受付に置いておくから」と矢継ぎ早に話した。

いかにも仕事ができそうだ。もらった名刺を見ると、「外務省、海洋環境部部長」とある。なるほど、これで謎が解けた。捕鯨に関することは彼女が一手に引き受けているのだ。だから、観光案内所では彼女を推薦したのだ。彼女はいわゆる外交官。だから、こんなに流暢な英語を話すし、頭の回転も速い。

しかし、四人の人を紹介してもらったものの、突然の訪問でも容易《たやす》く会えるのだろうか。心配になってきた。

部長は、忙しそうにしていたが、「最新情報よ」といって、一枚の紙を渡した。シー・シエパードの情報だった。

「今、彼らが来ているらしいのよ。彼らのボートを警察が監視しているわ。一昨日の情報だから、今いるかどうかはわからないけど」

「彼らの目的は何ですか。よく来るのですか?」

「よく来るってほどではないけど、久しぶりかな。何か新兵器を編み出したらしいのよ」

「新兵器! 何ですか、それは?」

「どうも、イルカの嫌がる音波を出す装置らしいんだけど、それを潜って海底に設置しているらしいの。まあ、そんなおもちゃみたいなものでは効果はないらしいけどね。博物館の人がそういっていたわ」

「どこに行けば、彼らに会えますか?」

彼女は「さあ」と首を傾げ、「まあ、詳しいことは帰って読んでみて。それじゃ、私は次にやることがあるので」と私をせき立てた。私は外務省を出た。

二〇〇隻ものボートで

民宿に戻った私は、疲れが出て思わずベッドに倒れ込んだ。パソコンのメールを見ると、さっき紹介を受けたばかりの、まだ会ったことのない獣医さんからメールが来ていた。「外務省のケイト女史から聞きました。アポイントメントを取りたいので、下記に電話してください」と書かれている。

私は、民宿の公衆電話を使って、獣医さんだけでなく三人に連絡した。博物館の学芸員は、翌日の午後一時、獣医さんは三時。ゴンドウクジラ協会の会長は明後日（木曜）午後四時に民宿に来てくれるという。こんなに簡単にアポが取れていいのだろうかと、不思議な気がした。

だから、会うまで半信半疑だった。きっと約束を守らなかったり、時間を間違えていたりするに違いない。特に、ゴンドウクジラ協会の会長は、ここから車で一時間のところから来てくれるという。日本からやってきたわけのわからないジャーナリストに、そんなに協力してくれるだろうか……。

私は、もう一人、アントラスさんにも電話した。写真を見にいく約束をしていたからだ。アントラスさんは、「今から来い」という。私は、港まで行き、タクシーを拾った。住所は、ノートに書いてもらっている。

タクシーはゆるやかな丘を登っていった。港はダウンタウンで、アントラスさん宅は山の手だ。タクシーが到着すると、彼は玄関の前で待ってくれていた。なかに入ると、奥さんと黒い猫が出迎えてくれる。ベランダに出ると、海がよく見えた。

「今日、港に大きな豪華船が泊まっていたぞ」

私は、前日よりは幾分くだけた調子で話し始めた。もう初対面ではないからだ。

「ああ、ときどき来るんだ。欧米からの観光客が多い」

「ここは観光の島なのか。もっとも重要な産業は観光なのかい?」

「そうでもない。重要といえば、やっぱり水産業だな。それから貿易だな」

高台だからいい眺めだ。アントラスさんは、美味しそうにたばこを吸っている。

「ここからクジラの追い込み漁は見えるのかい」

「見えることもあるさ。この前は仕事中だったからだめだったけど、数年前は見えた。たくさんのボートが、あそこでクジラを追いかけるんだ」と遠くを指さした。

「どれぐらいの数のボート?」

「んー、五〇から二〇〇隻ぐらいかな」

「へー、そんなに……。あなたも持っているのか」

「残念ながら、私は持っていない」と首をすくめる。

「何のために、みんなボートを持つのだ。クジラ漁のため?」

「そういうわけじゃない。クジラ漁はめったにない機会だから。まあ、ほとんどが釣りを楽しむためさ。あとは、休みの日にリラックスするためかな」

「ところで、クジラ漁について訊きたいのだが、なぜクジラ漁をやるんだい。フェスティバルの意味もあるのかなあ」

「そんな意味はない、まあ食料のためだな。クジラが捕れれば、まず病院や老人ホームに持っていく。それから、手伝った人たちが平等に分ける。もちろん無料だよ」

「それは習慣なのか」

「昔からやっていることだから、特に考えたことはないが……」

「あなたが初めてクジラ漁をやったのは？」

「子供のときだ。両親やお祖父さんと一緒に海に行った」

「クジラ漁は、どうやって習うんだい」

「特別な方法はない。両親や友だちに自然に教わるんじゃないかな」

「あなたの場合は？」

「私の父は教師だったから、クジラ漁はあまり得意ではなかった。だから、私は、クジラの殺し方はわからないし、殺したこともない。いつも、海岸でクジラを引き上げるのを手伝うだけだ」

「最近ではいつ？」

「二年前かな。でも、手伝わなかった。写真を撮っただけで」

「じゃあ、分け前はもらわなかったわけだ」

「いや、あのときは二〇〇頭以上も捕れたので、希望者には、市民みんなに配られた。私ももらって、ステーキや塩漬けにして食べたよ」

この島では、そのほかにシチューや干し肉にしたり、冷凍にして食べるようだ。日本のように生（刺身）では食べない。

「ところで、水銀汚染の問題についてはどうだ。人々は気にしていないのか？」

私は、フェローに来て初めてその質問をしてみた。日本を出る前に、フェローの水銀調査の資料だけは見ていた。それは、二〇〇四年の『環境科学会誌17』に掲載された秋田大学医学部社会環境医学講座環境保健学分野の「フェロー諸島における出生コホート研究」と題された論文。研究者、村田《むらた》勝敬《かつゆき》、嶽石《だけいし》美和子《みわこ》、岩田《いわた》豊人《とよと》の三人によるものだった。

それによると、フェロー諸島のウェイッヒ病院とデンマークのオデンセ大学を中心に行われた調査などの結果、海産物由来のメチル水銀は、小児の神経発達に軽度の障害を生じさせていることを示唆《しさ》しているという。それで、一九八九年にフェロー諸島公衆衛生部は、成人は月あたり一五〇〜二〇〇グラムを超えてクジラの脂身《あぶらみ》を食べるべきではないと勧告。しかし、メチル水銀とともにＰＣＢ（ポリ塩化ビフェニル）による健康影響も考慮して、一九九八年八月に新たな食事についての勧告を出したという。

それは①鯨肉を月二回以上摂取しない②三ヵ月以内に妊娠を予定している女性や妊娠中、授乳中の女性は鯨肉を食べない③鯨肉の脂身には高濃度のＰＣＢが含まれているので、成人でも脂身の摂取は月に二度までとする④女性は出産を終えるまでクジラの脂身を食べない⑤ゴンドウクジラの肝臓および腎臓はまったく食べないようにする、というものだった。

よちよち歩きの子供が母親と

これは、日本の状況よりは厳しい気がした。しかし、アントラスさんはこういう。

「クジラだけでなく、他の魚でも植物でも汚染はあるよ。私の両親はクジラを食べているが、長生きしている。そんなことをいっていたら、食べるものがなくなってしまう。気にする人は気にしているし、もちろん、妊婦は食べないようにしているだろうし。だいたい、最近は、みなそんなに頻繁には食べていないだろう」

「あなたは、どうなのだ」

「私は好きだから、気にせず食べるけどね」

……なんだか、この感じは太地町と似ていると思った。結局、昔はここの人たちも頻繁に食べたであろうが、そのころは汚染の心配はほとんどしていなかった。最近は汚染が叫ばれるようになったが、食べる量や回数が減ってきているので、人々はそんなに心配していないようなのだ。

さて、アントラスさんとの雑談を終えた私は、彼の撮ったクジラ漁の写真を見せてもらうことにした。彼は、パソコンを開き、見せてくれた。

写真の日付は二〇〇七年八月二七日。アントラスさんは「二年前」といっていたが「三年前」の間違いだったようだ。

画像は鮮明で臨場感があった。クジラがフィヨルドに入ってきた最初のころは、まだ船は五、六隻しかないが、それが時間の経過とともに増えてくる。一〇隻になり二〇隻になり、浜辺に着くころには数えられないほどに増える。

浜辺の人たちも数えきれないほどいる。ナイフを持って待ちかまえていた男たちは海に入っていき、クジラの後頭部めがけてナイフを振り下ろす。血が噴き出す。それとは別に、留め金を持った男がクジラの背中にある息をする穴（鼻）にそれを入れる。留め金には綱がつながっている。その綱を十数人の人たちが引っ張ると、クジラは砂浜に引き上げられる。

人々とクジラとの格闘が続く。その場で血抜きをするから、海面は真っ赤に染まる。そんな一見残虐に見えるシーンを、よちよち歩きの子供が母親と一緒に眺めている。実にシュールな情景だ。フェロー諸島自然史博物館が提供してくれた写真のなかにも、同様の写真がある（巻頭口絵参照）。

トラックの周囲に市民が群がっている写真があった。アントラスさんは、

「これは、レジスターしているところだ。捕鯨に参加した人は、名前と住所、連絡先と家族数を全員記入する。これを見て平等に分配する。クジラの数が足りないときは、病院と養護施設だけで、参加者でももらえないこともあるが」

と説明した。

島で初めて聞いた否定的な意見

写真を見ていると、客が入ってきた。アントラスさんの友人で、フリージャーナリストのユストネル・アイディスガードさんだという。

私が日本から来ているので、気をきかせて呼んだようなのだ。私も地元のジャーナリストが何を考えているか知りたいので、ありがたいと思った。

彼は、丸顔で一見おだやかだが、眼光は鋭《するど》かった。握手したあと、私たち二人はテーブルを間に向き合った。アントラスさんは、私たちを残して部屋を出ていった。

私は、「クジラ漁の取材に来たのだ」とアイディスガードさんに説明した。彼は、「クジラ漁は、いろんなところでやっているよ。アラスカや南太平洋でもな。中国もやっているんじゃないかな。中国人は何でも食べるからな」と笑顔で応じた。

「日本のクジラ漁については少しは知っている。君のいう映画『ザ・コーヴ』については知らないが……」

彼は、シンガポールのデンマーク大使館に二年半駐在し漁業調査の仕事をしていたらしく、世界情勢には詳しいようだった。

「どうして、アメリカは日本をターゲットにしたのだと思う？　『ザ・コーヴ』の舞台がフェロー諸島であってもいいはずだと思うんだが」

こう私が訊くと、すぐにこんな答えが返ってきた。

「それはね、日本は捕鯨を商売にしているからじゃないかな。フェローは商業捕鯨ではないからな」

「そうかな。私は何か差別的なものを感じるんだけどな。アメリカはアジア人に対しては枯れ葉剤を撒くし、原爆を平気で落とす。あれが白人のドイツ人だったら、原爆を落とさなかったと思うんだ。この『ザ・コーヴ』もなにか日本人たたきのような気がするんだけど、フェロー諸島では、差別意識のようなものは感じないか？」

私は思い切って差別のことを話してみた。彼の反応が見たかったからだ。彼は、私の真意を見ようと、じっと視線をはずさなかった。そして、ぽつりといった。

「そうだね。フェローでは、差別意識は感じないけど、そういうことはあるかもしれないね……」

私はうなずいた。そして訊いた。

「フェロー諸島のクジラ漁について、君の意見を訊きたいのだが」

「それより、日本はどうなのだ。君はクジラは好きかね？」

「ああ、好きだ。最近は高いのであまり食べないけど、子供のころはよく食べていたよ。学校の給食でもよく出たんだ」

「それはフェローでも同じさ。俺の子供のころは毎日のように食べていたさ。でも、今や一ヵ月に一回か二回、そんなもんさ」

「じゃあ、将来はどうなると思う」

「はっきりいうが、二〇年後にはなくなるね」

私は驚いた。それはないだろうと思った。しかし、彼は真剣な目をして続けていった。

「若い人はクジラ漁に興味を持たなくなっている。それは世界的な潮流だ。私が若いころは、全員が捕鯨に参加した。でも若い人の考えは変化している。今は、参加する若者も減りつつあり、すべては変わりつつある」

「それは、反捕鯨団体の圧力のせいか？」

「いや、そうじゃない。今や食べ物は、スーパーマーケットで何でも買える。モダンタイムスだ」

「フェローの文化が消えるわけだろ。それは寂しくないかい」

「寂しくはないね。それにクジラ漁は文化ではない。産業であり、利益だ」

彼はきっぱりと、そう話す。

「あなたはクジラ漁の経験は？」

「子供のころから知ってるさ」

「どんな気持ちだった？」

「そりゃ、エキサイティングだ。動物を殺すのは最初は難しい。でもハンティングだから面白いに決まっている。でも、それとこれとは別だ。トレンドだ。第一に水銀汚染の問題、第二に若者の意識の問題だ」

フェローで初めて、クジラ漁に対する否定的な意見を聞いた。ファストフード店の兄ちゃんも、雑貨店のオヤジもその客も、観光案内所の所長も、たいていの人はクジラ漁に誇りを感じているようだったのだ。

その夜、私はアントラスさんの家で夕食をごちそうになった。クジラの塩漬けも出てきた。日本人の口に合う気がし、日本酒が欲しくなったくらいだ。

アントラスさんの家を出ると、夜の一〇時を過ぎていた。しかし、外はまだ白々として、やっと夜に入ろうという時間。私は、時差と白夜で頭がもうろうとし、まるで夢のなかをさまよっているような気がしていた。

トチの実とクジラの共通点

こんな地球の果てに、日本人が住んでいるという。

朝、メールを見て驚いた。妻からのものだった。それは、フェロー諸島に「エノモト」という名の日本人がいるという情報だった。私が、初めての地で取材に苦労していると知った妻が、調べてよこしたのだった。日本人に取材できれば、こんな心強いこともないし、トピックスとしても面白い。

しかし、「エノモト」という名前だけでは探せないだろうと思った。

ところがどっこい、見つけてしまったのである。突破口は、自然史博物館の学芸員ブジャーニ・ミケルセンさんと話しているときにあった。

彼の事務所のパソコンで、クジラ漁の写真を見せてもらっているとき、私は話すこともなくなったので、雑談のつもりで日本人のことを口に出した。

「フェロー諸島に日本人が住んでいるらしいんだけど、知ってる？」

「知らないなあ。名前は何ていうの？」

「男性でエノモトっていうんだ」

「エノモト？　その名前なら聞いたことがあるなあ。ちょっと調べてみる」とパソコンをいじりだした。するとどうだろう。三人の名前が出てきた。三人ともエノモトだ。

「きっと、残りの二人は親戚で、この真ん中の人がその日本人だと思うよ」とプリントアウトしてくれた。なんと、そこには電話番号と住所、それから地図まであった。

この国には個人情報保護法がないのだろうか。電話帳のように、住民の住所や氏名がパソコンに入力されているのだ。

こうして私は、取材を終えた夕方、民宿の公衆電話で連絡してみた。本人が出た。

「ハロー」のあと、すぐに「エノモトさんですか？」と日本語でいうと、「はい、そうですが……」と答える。自己紹介し、「お会いしたい」と申し出ると、「じゃあ、今から来たら？」という。

「はい、行きますが、どうやって行けばいいでしょう」

「ああ、バスだね。そのへんで訊いてみてよ。まだバスはあるから。でも、遠いよ」

「どのくらいかかりますか」

「まあ、四〇分だね」

「タクシーだと、いくらぐらいで」

「タクシーは二万円も三万円もかかるよ。ここは物価が高いからね。まあ、バスで来たほうがいいよ」という。私は、電話を切り、バス停を探した。すぐそばにあったが、あと一時間半待たねばならないという。その旨《むね》をエノモトさんに電話で告げると、

「アハハ、ここは田舎だからね。八時五分に到着ね。はい、わかった」といって電話を切った。

バスは窓が広くて快適だった。なにしろ景色がいい。七時を回っているから夜には違いないのだが、明るい。島は、草原に覆われた山とフィヨルドの海でできあがっている。ときどき、ゆるやかに斜面を流れ落ちる滝も見える。日本の雑木林のような雑然とした風景ではなく、蒼然《そうぜん》としている。美しいが、豊かではない。

以前、ギリシャでエーゲ海を見て、その美しさに圧倒されたことがあった。しかし、その透明さはプランクトンが少ないことを意味し、従って生物が少ない、豊かな海とはいえないということを知って、見た目の美しさは怖いと思ったことがある。

実は、ここの美しい草原の風景も同じだ。火山のせいで、島は岩でできていて土がない。これでは農業はできない。だから、羊をよく見かける。ガイドブックによれば、羊の数は人口よりも多いという。農業が難しいから、仕方なく羊の放牧をし、羊を食べるしかないのだ。

日本の雑木林は、フェロー諸島に比べれば美しくはないが、豊かさの表れだ。雨もよく降るから、木をいくら伐採してもすぐに伸びてくる。日本の発展は、この自然の豊かさがあったからこそ。それゆえに文明が築けたといってもいい。

この島は寒いし、よく人間が生きていけるものだと感心してしまう。彼らが、クジラ漁を大事に思う気持ちがよくわかる。クジラ漁は、生き延びるための最後の生命線なのだ。

日本の農村部に行くと、土産《みやげ》にトチ餅を売っているところがある。そこでは、昔からトチの実を大事にし、村で共同でトチの実を管理し、餅を村中総出で作ったりする習慣が残っていたりする。それは、フェロー諸島のクジラ漁が商売ではなく、クジラの肉も村の共有財産となっているところと似ている。実は、かつて日本の農村部でトチの実は、最後の生命線だったのだ。

縄文時代、日本人の主食はクリだった。それは青森県の三内丸山遺跡を見ればわかる。ところが、中期から後期にかけてクリを食べる量が減ってきている。それは、気候変動か病害のせいではないかと思われるが、クリに替わって登場してくるのがトチの実なのだ。

ところが、トチの実はまずいうえにアクが強い。しかし、クリよりも保存がきくという利点があった。だから、人々は飢えをしのぐ最後の糧《かて》として、アク抜きをし、トチの実を大事に保存した。

稲作が普及したあとでも、飢饉のときの頼りはトチの実だった。村が生き残るためには、それは平等に分配されなければならなかった。だから、トチの実だけは村が管理するという例が多い。フェロー諸島のクジラもそれと同じ意味を持っていると思った。

「クジラは一番大切な食べ物」

バスが止まると、日本人の姿が見えた。エノモトさんだ。ちょっと小太りで、普通のおじさん然としていた。目が一重《ひとえ》なので、モンゴル人、中国人といわれれば、そうかなという風貌をしていた。

握手をすると、笑顔でぎゅっと握り返してくる。彼のピックアップトラックの助手席に乗ると、すぐに話しかけてきた。久しぶりの日本人が懐かしいに違いない。

ガソリンスタンドでガソリンをセルフで入れ終わると、「あそこが我が家だよ」と指さした。山の中腹に緑色の屋根とえび茶色の壁の家が見えた。この島の家は皆、おとぎ話に出てくるような色と形をしている。ちょうど「白雪姫」の七人の小人の家といえばわかるだろうか。

家に到着すると、エノモトさんはフィヨルドの湾をバックに話し始めた。夜の八時半だが、まだ昼間のように明るい。

「最初にこの島の捕鯨を見たときにはビックリしたよ。町の人総出で捕まえるんだからね。すごい風景だ。日本人ならだれだって驚くよ。ここはよくクジラが捕れるところで、毎年一、二回は必ずクジラがやってくる」という。毎年入ってくるから町でわざわざ人工の砂浜を造ったという。エノモトさんはさらに続ける。

「三回も入ってくると、クジラの肉が必要なくなるでしょ。そうすると、他の町に持って行ったり、追い込む場所を、クジラが不足している町に替えたりする。あなただって、手伝えば、肉をもらえるよ。記録係に名前と住所をいえばいいんだ」

「ええっ、ツーリストにもですか？」

「ここの人は、そんなしみったれたことはいわない。だれでも手伝った人はもらえる」

ここの分配システムは、高福祉が特徴の北欧の社会保障システムと似ていると思った。クジラ漁からそのシステムが編み出されたのか、高福祉社会がクジラの分配を編み出したのかわからないが、素晴らしいやり方だと思う。この国の消費税率は二五パーセント、所得税は多い人は五〇パーセントも取られるというが、それが成り立つというのは、国民がよほど政府を信用しているからだ。

「エノモトさんは、クジラ漁には参加するのですか?」と訊くと、「私は仕事が忙しくて仕方ないのに、他の人はクジラが来たといっては、仕事が途中でも帰ってしまう」と苦笑しながら話す。

この島では、クジラ漁の好きな人は、仕事を投げ出しても参加するのだ。

「私もときどきは手伝いに行くよ。殺したりはしないけどね」

「殺すのは技術が必要そうですよね」

「それが大好きな人がいるのよ。今回は一〇頭殺した、一五頭殺したと、自慢というか、勇敢な男というわけだ。海は真っ赤になるよ。一度なんか六〇〇頭、九〇〇頭入ったこともあった。ここだけでは食べきれない。分けて、余った分をトラックで他の町に運んだよ」

「凄い数ですね。この町の人口は?」

「人口一二〇〇人かな」

「それだと、一家に一頭ぐらいになるんじゃないですか」

「だから、他の町に持っていくんだよ」

「食べ方は?」

「ステーキやシチューがあるが、保存のきく塩漬けが多いね。二年、三年、一番古いのでは五年ものを食べたことがあるよ。まったく味は変わらなかったね」

　この島では、作物はジャガイモぐらいしか育たない。緑黄色野菜は、相当手入れしないとできないという。

「北ヨーロッパは氷河で洗われたから、土壌がうすい。ほとんど砂の状態。ジャガイモも三〇〇年前にはなかったでしょ。交通事情も悪かったし。飢餓もあったようだ。だから、島の人は食べ物を大切にする。クジラなんか一番大切な食べ物じゃないかな。干し肉はビタミンが多く入っているでしょ。羊の干し肉もそうだけど。あと乾燥魚を食べて。だから、島の男は体格がよくて、強い」

　とエノモトさん。

　しかし、テレビで、クジラは一週間に二回以上食べたらだめと放送したりするという。医者のなかには「いっさい食べるな」という人もいるとか。

「それでも、私は食べるけどね。日本人だからクジラは大好きさ。グリーンピースなんか来たら、船を沈めてしまえといってやるよ。今でも一週間に一回食べるという人は結構いるよ。それに、私はもう老人だもの。美味しければいい」

　と笑う。

　太地の話を知っているかと聞くと、

「テレビのニュースなんかでいってるよ。アメリカ人がとやかくいうのはおかしい。もともとアメリカ人がクジラを取りすぎていなくなったのだから。日本は調査船なんか出して、調べての話だから。それに、日本ではクジラの供養塔を建て、食べ物に対して尊敬の念を持っている。こちらの人は狩猟民族だから、そこまではやらない。サラリーマンでも羊や鶏を自分でつぶして食べる。それが当たり前の生活。羊も野鳥も丸焼きにして食べる」

と話はつきない。われわれは、家のなかに入ることにした。

クジラの分配は社会保障の一つ

エノモトさんの名は榎本和臣《かずおみ》、六八歳。デンマーク人の妻リンナさん、六五歳と一緒に住む。

榎本さんは一九四二年、門司《もじ》市（現・北九州市）に生まれた。高校を卒業し、港の荷物検査のアルバイトをして貯めた金で、ヨーロッパまで来た。六人きょうだいの五番目。勉強も苦手で、日本が嫌で、家族の反対を押し切って、飛び出してきた。

当時は、海外旅行は珍しく、外貨の持ち出しも四〇〇ドルという制限があった。横浜からソビエト連邦（当時）のハバロフスクに行き、そこからシベリア鉄道で北欧に来た。北欧では物価が高く、持ち金は二日間でなくなった。

皿洗いのアルバイトをした。言葉を覚え、普通の仕事も見つけた。結婚もし、子供も二人でき、順調にコペンハーゲンで暮らしていたが、奥さんの故郷、フェロー諸島に帰ろうということになった。ちょうど、ミルク工場ができるというので、そこに就職もできた。

それから三〇年。榎本さんはすっかりフェロー諸島の住民になっていた。従業員五人だった会社が今や三五人。榎本さんは今や役員待遇だ。

家に入ると、奥さんのリンナさんが出迎えてくれた。端整な顔だちをしていて、すらっとして品があった。大人しそうで、余計なことは話さない風だった。榎本さんが、アルバムを出してきて、若いころの写真を見せてくれたが、二人は相当の美男、美女だったのがわかる。

榎本和臣氏とリンナさん

「町を歩けば、人が振り向いたもんだよ」

と榎本さんは笑いながら、遠慮もなく自慢した。

家のなかは、よく整頓されていて快適そうだった。窓からは、湾と町が一望できた。

「この家はねえ、一九六〇年ごろに建てたものなので、古いけど十分住める。もっとも、こちらでは築一〇〇年ぐらいの家は普通。二〇〇年なんていう家もあるからね」

と榎本さんは説明してくれる。

日本の家は、寿命が二五年とかいわれるが、それでは財産になりにくい。家を建てるためだけに働かねばならない。なんだか無駄働きをしている気がしないでもない。消費だけして、国全体では大きな損をしているようだ。

私は、榎本さんとテーブルに座った。奥さんが、用意したお菓子を目の前に置き、紅茶を用意してくれる。お菓子は、クルクルと丸めて皿の上に積み上げてあった。

「これをこうやって広げて、ジャムやクリームをつけて食べるんだ」と榎本さんは自分でやってみせてくれる。クレープだった。日本で流行のクレープはヨーロッパからのものだったのだと改めて思った。

ここで榎本さんに、ずっと気になっているクジラの分配方式とデンマークの社会福祉のことを尋ねてみた。榎本さんは、次のように答えた。

「私も、クジラの分配は、社会保障の一つだと思う。ここの共同社会は凄いよ。何でも助け合うからね。たとえば、ここで火事で家を失っても、みんながビンゴゲームなんかして協力してお金を集めて、家を建ててくれるよ。ボランティアが普通だからね。麻薬患者も、政府が金を出して治してくれる。普通にやっていれば、生きていけないことがない国。医療費も教育費もすべて無料だからね」

高度社会福祉の国とは聞いていたが、凄い社会だと思った。

「それでは、ホームレスはいないのですか？」

「いないね。あっ、それでも自治州の主都のトースハウンには二人ホームレスがいるね。でも、彼らは好きでやってるんだ。彼らは生活保護費をちゃんともらってるはずだよ。ともかく、日本より相当進んでるよ」

「しかし、その社会を成立させるためには、政府を信用していなければだめになりますよね。税金を納めても、ちゃんと分配されているかどうか心配になります。日本のように、政治家が地元に高速道路やダムを勝手に誘致したり、年金が崩壊するようでは、国民は納得できないですよ。ここの社会が成立しうる理由は何ですか？」

　榎本さんは、ちょっと考えてから、こうつなげた。

「それはやっぱり、古くからのキリスト教精神かな……」

「キリスト教って、カソリックですか？」

「プロテスタントですよ。この国には原理主義者も多いです」

「キリスト教か。やっぱり一神教は、上から神が見ているから、悪いことができないんですかね。日本は神が見ていないから、つい悪いことをしてしまうのかもね」

　そういうと、榎本さんは面白いと思ったのか、横に座っているリンナさんに、デンマーク語に翻訳して伝えている。リンナさんも笑っている。

　話をしながら、私はかつて取材に訪れた東欧と似ていると思った。それは、ベルリンの壁が崩れる前の社会主義政権下だった。私は、東欧は日本よりも裕福であるような気がした。普通の人でも、別荘ぐらいは持っていたからだ。なのに崩壊した。自由がなかったからだ。しかし、デンマークには自由がある。税金は高いが理想的な社会に思えた。

白人と黄色人種のフィーリング

私は、反捕鯨団体について質問してみた。榎本さんの答えはこうだ。

「グリーンピースなんか、金を儲けるためにやってる。金を儲けるためだったら、何でもやるからね、彼らは。ここのポリスは強いですよ。日本人は人を傷つけないように傷つけないようにというジェントルマンで、はっきりいわないが、こちらの人は、やられればやる。この国は魚を輸出していて、経済制裁される可能性があるが、でも、いいたいことはいう」

さらに続けた。

「昔は、この辺も貧しかったのよ。どこの家にもクジラの塩漬けの容器が物置小屋に二、三個ある。不足したときには、お母さん方は、クジラがやってくるようにお祈りしたというよ。日本の雨乞いと同じよ。

そんな厳しい生活だったんだから、グリーンピースとかが来て、クジラを問題にするというのはおかしいよ。そんな権利はないよね。牛とか羊だって同じでしょ。都会の人たちは、豚や羊を殺したことはないしね。屠畜場も見たことがない。だから、そういう風にセンチメンタルに考える人が多いでしょ。でも、動物と接する田舎の生活をさせればいいんですよ。そういうことを一回経験させればいい。命に対する大切さがどこにあるかわかるよ」

「しかし、今回日本を題材に映画を作ったが、彼らは特に日本人に対して差別感情があってやったとは考えられませんか？」

「それはないでしょう。少なくとも、私はデンマーク人と結婚していて、差別を感じることはない」といいながら、思い出したようにあるエピソードを話した。

「以前、デンマークで戦争映画『トラ・トラ・トラ！』が公開されたとき、日本が真珠湾を攻撃するシーンでは、観客はみな静かで一言もしゃべらないんだ。ところが、日本の戦闘機が、米兵の機関銃で撃ち落とされたとき、みんなが手をたたいて喜んだ。そんなことがあったな。白人と黄色人種のフィーリングの違いっていうのは、あるかもしれないね」

帰り際、榎本さんは、隣接する倉庫に私を案内し、クジラの塩漬けを見せてくれた。味見をさせてもらったが、とても美味しい。塩漬けは、干したタラと合わせて食べると、さらに美味しくなった。榎本さんは、さらにきざみ昆布をまぶして食べている。今、デンマークの最高級レストランからきざみ昆布を仕入れたいとの申し出があるのだという。

「ここの人は昆布を食べる習慣がないから、昆布が無限にある」と今後のビジネスを考えているという。

その夜、榎本さんは自家用車で私を民宿まで送ってくれた。さすがの白夜も終わり、すっかり暗くなっていた。私は、ぐったりとベッドに横たわるのであった。

「日本のテレビ局でこのDVDを」

榎本さんと出会えたことは予想外の収穫だった。三〇年間この島に住んだ日本人の感覚で見た世界は、より説得力を持って私の心に残った。

外務省のサンダーソン部長に紹介された三人のインタビューも無事に終わった。三人とも約束通りの時間に会うことができた。

博物館学芸員のブジャーニ・ミケルセンさんからは、フェロー諸島でのクジラ漁の記録は四〇〇年以上も前までさかのぼれることを教えてもらった。それほど、この島の人たちは、歴史的事実として漁を受け止め、きっちりと記録に残すという作業を行っている。その分配方式も、北欧の高福祉社会という哲学と結びつき、しっかりと根づいた文化だとわかった。

漁は年間を通じて行われるが、特に七月、八月の夏場が多いことや、一八あるフェロー諸島のなかでも、南部と西部が多いこと、年間平均九五〇頭のゴンドウクジラなどを捕獲、うちイルカは一割か二割ということなどがわかってきた。

もっとも、ゴンドウクジラもイルカといっても差し支えはないようだ。ウィキペディアによると、ゴンドウクジラはマイルカ科に属し、国によってはイルカと呼ぶところもある。慣

延髄を切られたクジラの群れ

例としてゴンドウクジラと呼んでいるに過ぎず、遺伝子的には他のイルカと顕著な違いは見られないという。

獣医師のユースティネス・オルセンさんとのインタビューでは、動物愛護の観点から、クジラをできるだけ苦しませないよう捕殺方法の研究が進んでいることを教わった。そのために、榎本さんの住む町のように砂浜まで造ってしまう。砂浜に追い上げるほうが、作業が速いからなのだ。

フェローの人たちは、クジラを追い込んだら、できるだけ速く殺すことを考える。ナイフで後頭部から円を描くようにサッと切って、六秒以内で即死させる。従って、一〇〇頭いても一〇分ぐらいで捕殺は終了してしまうのだ。

最近では、ナイフではなく延髄を一撃し、一瞬で息を止める道具も登場している。また、人々が綱を引っ張ってクジラを浜まで上げるとき、クジラの後頭部にある鼻の穴にフックを引っかけるが、そのフックを最近では、痛みを和《やわ》らげるよう丸みを帯びたものに改良していることもわかった。

ゴンドウクジラ協会のオラバー・シューラベーク会長は、遠くから車で一時間もかけて面会に来てくれた。本業は教師で、協会から給与をもらっているわけでもなく、ボランティアでやっているという。会長は自分たちでPR用に製作したDVDを持参してくれ、説明してくれた。

驚いたのは、協会の設立は約二〇年前で、シー・シェパードがやってきて、漁の妨害などを行ったことがきっかけだったという。つまり対抗手段として組織し、PR活動などに努めているのだ。

博物館ではクジラ漁についての本も発行しているし、DVDも販売しているが、それらの製作に協力しているのだ。会長は「DVDも日本のテレビ局で放送してもいいから、われわれがやっていることを日本の人たちに伝えてくれ」と積極的だった。

逃げも隠れもせぬ人々と日本文化

フェロー諸島に来て、私の考え方は少しずつ変わってきた。それは、彼らの反捕鯨団体へのアプローチに、日本との違いを見たからだ。

太地町の漁師たちは反捕鯨の連中に対しても、メディアに対しても口を閉ざすことを決めたようだ。日本のメディアに対してもそうなのには驚く。

もちろん最初からそうではなかったようだ。最初、彼らはいろいろなメディアに問われるままに答えていた。しかし結果を見れば、メディアに都合のいいところだけを使われるという例が多かった。あの『ザ・コーヴ』の撮影スタッフにも騙されたという。それで、漁師たちは何もしゃべらなくなった。それは彼らにとって非常に不幸なことだ。

漁師たちは都会の人間のように、騙し騙される生活をしていない。太地町の人たちは、純朴な人たちが多い。人に頼まれれば嫌とはいえない。なるべく相手の要望に添うようにしてやりたいと思う。

都会のメディアの連中からすれば、太地町の漁師をいいくるめて取材することは容易なことだったに違いない。騙された漁師たちは口を閉ざした。

漁師たちが人間不信に陥るのも無理はないと思う。純朴であればあるほど傷は深い。黙っていることが日本人の美学にも通じることが、彼らをよけいに黙らせている気がする。「男は黙って」の精神だ。

ところが、そのことがオバリー氏たちに隙《すき》を与えてしまった。彼ら反捕鯨の連中から見れば、「なぜ、日本人は漁を隠すのだ」「隠すのは、何か悪いことをしているからに違いない」という論法になるのだ。

その論法は、ここフェロー諸島を見ればより鮮明に浮き上がってくる。

畠尻湾の周辺に設置された「進入禁止」のプレート

フェローの人たちは逃げも隠れもしない。堂々と自分たちを主張している。フェローと太地町を同じように見ている反捕鯨の連中から見れば、畠尻湾の周辺を「落石のため」として立ち入り禁止にし、一生懸命に隠そうとしている太地町は卑怯と映ったに違いない。あの『ザ・コーヴ』の、漁師たちが目隠ししようとしている入り江を隠し撮りで暴《あば》こうというストーリーは、ここフェロー諸島の状況を見たから思い浮かんだに違いないと思うようになってきた。

フェロー諸島には、反捕鯨団体の圧力に対して、はっきりと対抗しようという意志がある。外交では、クジラ資源の保全と利用を目的に、アイスランド、ノルウェー、グリーンランド自治政府とNAMMCOを結成し、共同で対抗するようにしている。また、「ゴンドウクジラ協会」を設立し、映画（DVD）や写真、本で自分たちの主張をする。私のような取材者が来ると、会長自らが説明してくれる。この積極性はいかにも西洋的で、さすがに自己主張の文化といえる。

それにひきかえ、太地町の対応はいかにも日本的。謙譲の美徳というやつだ。今回の一連のイルカ騒動は食文化の衝突だが、表現についての文化の衝突でもあるのだと思った。

そして、太地町にとって『ザ・コーヴ』は開国を迫る「黒船」だ。グローバルスタンダードに合わせろと迫っている。太地町は開国、攘夷《じょうい》のどちらを選ぶのだろうか。太地町の漁師たちは、世界の潮流に流され、黙って切腹する「ラストサムライ」になるのだろうか。

しかし、果たして反捕鯨は本当に世界標準だろうか。実は、単にアメリカ標準、あるグループのスタンダードに過ぎないのではないだろうかという気がする。

バイキングがこの島で思ったこと

私は、フェロー諸島に来て、もう一つ学んだことがある。それは彼らの主張の説得力の凄さである。具体的には、オラバー・シューラベーク会長の「反捕鯨を主張する連中は、スーパーで何でも揃う、カリブ海（暖かい海）にしか住んだことのない連中。ここの生活の厳しさを知らないからいえるんだ」という言葉だった。

私は住民数人に「クジラ漁は、フェスティバルかスポーツのように見えるが」と問いかけた。彼らは「そんなんじゃない。デイリーライフ（日常）だ」と答えた。島ではどの家も羊や鶏を飼い、自分たちで処理して食べる。クジラ漁もその延長でしかないというのだ。そのリアリティーに圧倒された。

一般の日本人は、私も含めて動物を自分で捌《さば》くことはなくなった。すべての食べ物はスーパーマーケットに行けば揃う。しかし、現実には、動物は殺されている。われわれは、その都合の悪い部分は見ないで、都合のいい「食べる」部分だけを担っている。これでは現実は見えない。フェロー諸島の人々の等身大の生活を目《ま》の当たりにすると、日本人はなんと遠くまで来たんだろうと思う。

三〇年も前に、写真家の藤原新也《ふじわらしんや》が写真週刊誌『フォーカス』誌上に、インドのガンジス川で撮った人間の遺体が犬に食われている写真を掲載し、大問題になったことがあった。その写真キャプションには「人間は犬に食われるほど自由である」とあった。

論争の結果、連載は打ち切られた。その当時から、死体など見たくもないものは社会から姿を消し始めていた。動物が屠畜されるシーンも同じように蓋《ふた》をされてしまった。

われわれは現実を見ることを避け、ただ美しいものや明るいもの、口当たりのいいもののなかだけで生きようとしている。現代人は現実感のない、ただフワフワとした虚構を見つめ、いったいどこに向かって行こうとしているのだろうか。

私は港に出た。そこでは青年が鳥の肉を売っていた。一つは塩漬けで、もう一つは氷漬けだった。青年は、「よく売れるよ」と笑顔を見せた。「ニワトリか？」と尋ねると、「違う。遠くの島から捕ってきたんだ。毎年今の季節になるとやってくる。英語で何ていうのか知らない。去年なんか四〇〇〇羽売ったぜ」と自慢げに語った。

「それって、野生の鳥かね」

「そうだよ。ここから船で四時間も行ったところだ。毎年友だちと捕りに行くんだ。二人で捌いて、こうやって塩漬けにするんだ」

「それが商売なの？」

「違う。普段は大工をやっている。今の季節だけ、鳥を捕って売ってる。フェローの人間はみなこの鳥が大好きだ」

彼はそう、誇らしげに語った。

おとぎ話の小人が住むようなきれいな街並みを通り抜けると、大海原《おおうなばら》が見えてきた。その向こうに、樹木も畑も何もないただ草色をした台形の半島が見える。

一〇〇〇年以上も前にここに最初に到着したバイキングたちは何を思ったのだろうか。風や雨が吹きすさぶ地の果て、何もないこの島でどうやって生きていこうかと思ったとき、途方に暮れたに違いない。ところが、目の前をクジラの群れが泳いでいくのを発見した……

「これだ、これで生きていける」と叫んだはずだ。

風がそよぎ草が揺れた。太陽の光がわずかに水平線に反射し、夏の終わりを告げていた。

おわりに——自己主張の文化に対し伝える方法

イルカ・クジラ漁の取材を通して思うのは、漁師も反捕鯨を主張する人たちも、そして映画『ザ・コーヴ』上映に反対している人たちも、表現の自由を訴える人たちも、意外に全体像を知らずに動いているということだ。

水銀汚染のこと、反捕鯨運動の起源のこと、クジラの実態、海の生態系のことなど、あまりにもデマ情報が多い。それに、「イルカがかわいいから」「クジラが絶滅するから」「イルカは賢いから」など、自分のイメージや感情で意見をいっていることに驚く。それぞれの人たちの意見をストレートに訊いてみると、意外に早く全体像がつかめてきた。

私だって捕鯨に関しては素人《しろうと》だ。でも、一年半でこれだけのことがわかってきた。

確かなのは、日本の捕鯨文化の成熟度の高さと科学的な先進性である。これは世界に誇るべきものだが、今やそれは世界における後進性のように思われている。

それはなぜか。反捕鯨の人たちの声が大きく、それに比して、日本の捕鯨関係者の声があまりにも小さいからだ。

「イルカやクジラまで食べる必要はないだろう」とよくいわれるが、世界の食糧問題を考えるとき、多様性があるほうがいいに決まっている。牛、豚、鶏で十分ではないかと思われるかもしれないが、牛はいつ牛海綿状脳症（狂牛病）などの蔓延《まんえん》で食べられなくなるかもしれない。鶏だって、鳥インフルエンザでどうなるかわからない。

なによりも、海洋資源を利用しないのは人類にとっていいこととは思えない。文化は一度消滅すると、復活は非常に難しい。せっかくここまで育てた日本の捕鯨文化を一時的な感傷で消滅させるのは、非常にもったいないと思うのは私だけだろうか。

日本は、世界に冠たる捕鯨文化を持っているのに、もっとプライドを持っていいのではないだろうか。そう、フェロー諸島の人たちのように。

白人たちの食文化は、陸上だけでほぼ完結している。多くの白人たちは、海洋の財産の貴重さに気づいていない。それは、日本が知らせていないからだ。

今回の騒動にしても、ある面、太地町の人たちが主張しないから大きくなったともいえる。

堂々としているほうが伝わる。それは、フェロー諸島の例を見てもわかる。この本のタイトル「白人はイルカを食べてもＯＫで……」における白人とは、フェロー諸島やその周辺のノルウェーやアイスランドなどの国の人たちのことを意味している。彼らだって、反捕鯨団体から抗議を受けている。イルカ食が正当とされているわけではないが、主張することで自分たちの食文化を攻撃から守っているのだ。その意味での〝ＯＫ〟だ。

反対に、日本は、映画『ザ・コーヴ』で非難されたり、南氷洋で調査捕鯨を休止せざるを得なくなったりと、どんどん追い込まれているように見える。世界のほとんどの国は自己主張の文化のなかにある。日本のような謙譲が美徳の国は少ない。

私は、個人的には自己主張の文化は好きではないが、世界に対しては主張しないかぎり伝わらない。それは、太地町だけの問題ではなく、水産庁や日本鯨類研究所などについてもいえる。確固たる主張と内容を持っていながら、外に伝わっている気がしない。

一方、二〇一一年二月末には、太地町の町民のもとに、無差別で、『ザ・コーヴ』のＤＶＤ日本語版が送りつけられてきた。彼らはそこまでやる。これは戦いだ。

尖閣諸島の問題もそうだった。日本政府は、逮捕した船長を解放すれば、日本の気持ちをわかってもらえ、中国は収まるだろうと思った。いわなくとも、日本の領土だとわかってくれているだろうと思った。しかし、黙っているだけでは伝わらなかった。はっきりと主張しなければ、世界には伝わらないのだ。

映画『ザ・コーヴ』については、それなりの覚悟をして表現して欲しいと思った。日本人は静かで穏やかな国民だから、嘘をついても何も反論しないと、製作者側は思っているふしがある。

表現の自由を応援する文化人たちも、応援するだけでなく、その表現を検証する必要がある。ただ、表現の自由を唱えるのは簡単だ。問題はそれに対する責任だ。まだまだ書きたいことはたくさんあるが、この本はここで終わる。

出版にあたっては、講談社生活文化局の間渕隆氏にお世話になった。先の読めないこのテーマに、よくつきあってくださった。フェロー諸島行きを決心しかねていた私の背中を押してくださり、また太地町まで応援に駆けつけてくれた。この場をお借りして、お礼を申し上げる。

本書の校正中、三月一一日に東日本大震災が起こった。本書に登場するスコット・ウエスト氏はこのとき、岩手県大槌町《おおつちちょう》でイルカの調査を行っていたが、丘の上に取り残され、その後、日本人に助けられた。そして、ウェブ上にこう書き残している。

「私たちに与えられた親切と寛容さは途方もないものだった……」

二〇一一年三月

吉岡逸夫《よしおかいつお》

本文写真提供――フェロー諸島自然史博物館、アントラス・スコーロム、吉岡逸夫

主要参考文献

『熊野誌』第五六号　熊野地方史研究会・新宮市立図書館
『熊野の太地――鯨に挑む町』（平凡社）熊野太地浦捕鯨史編纂委員会
『クジラの心』（平凡社）ジョアン・マッキンタイアー
『太地町史』（太地町役場）太地町史監修委員会
『イルカのくれた夢――ドルフィン・ベェイス　イルカ物語』（フジテレビ出版）三好晴之
『イルカを食べちゃダメですか？――科学者の追い込み漁体験記』（光文社新書）関口雄祐
『日本はなぜ世界で一番クジラを殺すのか』（幻冬舎新書）星川淳
『シー・シェパードの正体』（扶桑社新書）佐々木正明
『旅名人ブックス59　アイスランド　フェロー諸島　グリーンランド』（日経ＢＰ）邸景一・柳木昭信
『遊牧夫婦』（ミシマ社）近藤雄生
『クジラを追って半世紀――新捕鯨時代への提言』（成山堂書店）大隅清治
『紀州――木の国・根の国物語』（角川文庫）中上健次
『街道をゆく８』（朝日文芸文庫）司馬遼太郎

吉岡逸夫

1952年、愛媛県に生まれる。中日新聞新宮支局長。米国コロンビア大学大学院ジャーナリズム科修了。青年海外協力隊員としてエチオピアのテレビ局と難民救済委員会で活動したあと、世界約60ヵ国を取材。特に、ベルリンの壁崩壊後の東欧、湾岸戦争、カンボジア内戦、ルワンダ内戦、アフガニスタン紛争、イラク戦争、自衛隊PKOなどの取材を精力的にこなす。1993・94年の東京写真記者協会賞を受賞。

著書には、開高健賞奨励賞を受賞した『漂泊のルワンダ』(牧野出版)、『青年海外協力隊の正体』(三省堂)、『なぜ日本人はイラクに行くのか』(平凡社新書)など、また映画監督作品には、『笑うイラク魂』『アフガン戦場の旅』『戦場の夏休み』などがある。

講談社+α《プラスアルファ》新書 567-1 C

白人《はくじん》はイルカを食《た》べてもOK《オーケー》で日本人《にほんじん》はNG《エヌジー》の本当《ほんとう》の理由《りゆう》

吉岡逸夫《よしおかいつお》 ©Itsuo Yoshioka 2011

2011年4月20日第1刷発行

発行者——鈴木 哲
発行所——株式会社 講談社
東京都文京区音羽2-12-21 〒112-8001
電話 出版部(03)5395-3532
販売部(03)5395-5817
業務部(03)5395-3615
カバー写真——アントラス・スコーロム
デザイン——鈴木成一デザイン室
カバー印刷——共同印刷株式会社
印刷——慶昌堂印刷株式会社
製本——株式会社若林製本工場

定価はカバーに表示してあります。

落丁本・乱丁本は購入書店名を明記のうえ、小社業務部あてにお送りください。

送料は小社負担にてお取り替えします。

なお、この本の内容についてのお問い合わせは生活文化第三出版部あてにお願いいたします。

本書のコピー、スキャン、デジタル化等の無断複製は著作権法上での例外を除き禁じられています。本書を代行業者等の第三者に依頼してスキャンやデジタル化することはたとえ個人や家庭内の利用でも著作権法違反です。

Printed in Japan
ISBN978-4-06-272712-9

講談社＋α新書

iPadでつくる「究極の電子書斎」 蔵書はすべてデジタル化しなさい！
皆神龍太郎
蔵書1万冊をデジタル化した著者が伝授する、iPadを読書端末として使い倒す技術！
838円 531-1 C

見えない汚染「電磁波」から身を守る
古庄弘枝
見えないし、臭わないけれど、体に悪さをする電磁波。家族を守り、安全に使う知恵とは
838円 532-1 B

「まわり道」の効用 画期的「浪人のすすめ」
小宮山悟
無名選手が二浪で早稲田のエース、プロ野球、そしてメジャーに。夢をかなえる「弱者の戦略」
838円 534-1 A

50枚で完全入門 マイルス・デイヴィス
中山康樹
ジャズ界のピカソ、マイルス！ 膨大な作品群から生前親交のあった著者が必聴盤を厳選！
838円 535-1 D

日本は世界4位の海洋大国
山田吉彦
中国の5倍の海、原発500年分のウランが毎年流れ込む。いま資源大国になる日本の凄い未来
838円 536-1 D

北朝鮮の人間改造術、あるいは他人の人生を支配する手法
宮田敦司
「悪の心理操作術」を仕事や恋愛に使うとどうなる!? 知らず知らずに受けている洗脳の恐怖
838円 537-1 B

ヒット商品が教えてくれる 人の「ホンネ」をつかむ技術
並木裕太
売れている商品には、日本人の「ホンネ」や欲求や見栄をくすぐる仕掛けがちゃんと施されていた！
838円 538-1 C

ボスだけを見る欧米人 みんなの顔まで見る日本人
増田貴彦
日本人と欧米人の目に映る光景は全くの別物!? 文化心理学が明かす心と文化の不思議な関係！
876円 539-1 C

人生に失敗する18の錯覚 行動経済学から学ぶ想像力の正しい使い方
加藤英明 岡田克彦
世界一やさしい経済学を学んで、人生に勝つ!! 行動経済学が示す成功率アップのメカニズム！
876円 540-1 A

人が変わる、組織が変わる！ **日産式「改善」という戦略**
武尾裕司 井熊光義
「モノづくり」の問題解決力は異業種にもあてはまる？ 日産流の超法則が日本の職場を変える
838円 541-1 C

ジェームズ・ボンド 仕事の流儀
田窪寿保
英国に精通するビジネスエキスパートだから書けた「最強の中年男」になるためのレッスン
838円 542-1 C

表示価格はすべて本体価格（税別）です。本体価格は変更することがあります